Für Ulrike

Inhalt

Nie zu alt für easy rider

Als Pensionist aufs Motorrad umsatteln

Udo Schmidt

Bibliografische Information der Deutschen Bibliothek:
Die Deutsche Bibliothek verzeichnet diese Publikation in der Deutschen Nationalbibliografie; detaillierte bibliografische Daten sind im Internet über http://dnb.ddb.de abrufbar.

Impressum

ISBN: 978-3-939408-260
Text: Udo Schmidt
Lektorat: Karsten-Thilo Raab
Layout: Ulrike Katrin Peters
Titelbild: Triumph Motorcycles Ltd., Rückseite: Udo Schmid (oben), Daniel Kraus (Mitte), ADAC-Fahrsicherheits-Zentrum Westfalen, Recklinghausen (unten)

Weitere Informationen zum aktuellen Verlagsprogramm finden Sie im Internet unter:
www.westfluegel-verlag.de

Vorwort

Was ist bloß in mich gefahren! Meine 1000er Honda ist mir heute wichtiger, als mein bequemes Auto. Ich und Motorradfahren, das waren zwei völlig verschiedene Welten. Meine Welt schien bis zu meinem 65. Lebensjahr diesbezüglich völlig in Ordnung zu sein. Vier Räder, Airbag und ABS genügten, um mich mehr oder weniger glücklich durch die Landschaft zu bewegen.

Wie viele Autofahrer besaß ich ein prinzipielles Misstrauen gegenüber Verkehrsteilnehmern mit knatternden Zweirädern. Die kamen entweder von einem Banküberfall oder waren auf dem Wege dorthin. Außerdem waren sie laut und erschreckten alte Damen am Straßenrand oder trieben Radfahrer in die Straßengräben. In meinem Bekanntenkreis gab es kaum Biker, die sich als solche zu bekennen wagten.

Die Verwandlung von einem Biker-Saulus in einen Biker-Paulus ging bei mir ähnlich schnell, wie in der Bibel beschrieben. Katholiken kennen die Geschichte garantiert noch aus dem Kommunionsunterricht. In der knallt dem bösen Saulus auf einer Tour eine überirdische Stimme ins Hirn und macht aus ihm im Nu einen liebenswerten Bürger. Nicht dass ich plötzlich eines morgens mit Motorradstiefeln an den Füßen wach wurde, aber viel länger hat es nicht gedauert. Es war mein Sohn, der mich permanent nervte, doch wenigstens mal auf einem knatternden Getüm zu sitzen und am Gashebel zu drehen.

So wie ein Reiterneuling erst einmal vorsichtig um ein Pony herumschleicht, so schlich ich um Motorroller herum. Heimlich, 30 km von meinem Heimatort entfernt, und unter Ausschluss der Öffentlichkeit wagte ich meine ersten Annäherungen.

Jetzt, ein paar Jahre später, habe ich den berüchtigten Bikerbazillus im Blut. Allerdings war der Weg vom einfachen Roller zum Motorradführerschein Klasse A nicht einfach, und hat mich manchmal schier verzweifel lassen. Aber es hat sich gelohnt. Ich habe mit dem Vorurteil aufgeräumt, dass Motorradfahren nur etwas für junge Menschen, vornehmlich Män-

nern zu tun hat. Ich weiß jetzt auch, dass Biker keine potenziellen Bankräuber, sondern in der Regel sehr liebenswerte Menschen sind.
Auf den folgenden Seiten beschreibe ich in einzelnen, zum Teil humorigen Episoden den langen Prozess, den ich als absolut blutiger Anfänger bis zum Fahrer einer »dicken 1000er« durchlaufen habe. Allerdings biete ich auch ernst gemeinte Tipps und Infos für längere Touren an.
Ich hoffe, dass ich dadurch interessierte Jungsenioren und Jungseniorinnen und Rentner(innen) positiv beeinflusse. Viele träumen davon, in einer fetzigen Motorradkluft auf einem gestandenen Traum-Motorrad durch die Landschaft zu blubbern. Tut es, es lohnt sich, denn ihr bleibt jung!

Kapitel 1 - Infiziert

»Natürlich weiß ich, was ich nach der Pensionierung mache. Ich habe mir eine Menge vorgenommen. Viel Zeit zum Abhängen werde ich nicht haben. Ich werde reisen, Hobbys pflegen und Sport treiben.« Das sind die Sprüche, die gebetsmühlenartig im Freundes- und Kollegenkreis heruntergeleiert werden, wenn die Sprache auf die Zeit »danach« kommt. In den letzten Jahren entwickelte ich sogar einen Tunnelblick, durch den ich diesen finalen Zeitpunkt im Berufsleben fixierte und ausmalte. Das ähnelte dem Verhalten eines Wehrpflichtigen bei der Bundeswehr, der ein Maßband am Spind nach der Grundausbildung aufgehängt hatte und täglich einen Zentimeter abschnitt. Die restlichen Tage beim Bund waren mit einem Blick erkennbar.
Wie sehr die Kolleginnen und Kollegen einen doch beneideten. Hat der es gut, kann morgens lange ausschlafen, in aller Ruhe frühstücken und in Ruhe darüber nachdenken, was er an diesem Tag tun oder lassen möchte. Bei fast jedem Treffen in Pausen wurde mir von männlichen Kollegen auf die Schultern geklopft, Daumen dynamisch nach oben gehalten und wohlwollend mit den Augen gezwinkert. Bei mir fielen diese tatsächlich nur von Männern ausgeübten üblichen Rituale nicht ganz so übertrieben wie bei anderen Kollegen aus, da man an der Normalität meines Geisteszustandes zweifelte. Hatte ich mich doch nie an den »wie lange noch«-Gesprächen beteiligt. An meiner unerschütterlichen guten Laune konnte man sogar erkennen, dass mir mein Beruf immer noch, trotz fortgeschrittenen Alters, großen Spaß machte. Das musste an Realitätsverlust grenzen.
»Mit 66 Jahren, da fängt das Leben an«, trällerte Udo Jürgens vor mehr als 20 Jahren und zog sinnbildlich die Lederjacke an. Das war unvorstellbar für mich und albern. Und jetzt? Tja, neben Jeans und Lederjacken habe ich auch noch komplette Biker-Kombis im Schrank hängen. Wie sehr man sich irren kann. Eine Krawatte habe ich schon seit Jahren nicht mehr getragen.
Bis zu meiner Pensionierung mit 65 Jahren arbeitete ich fast

40 Jahre lang an einem Berufskolleg. Ich hatte also einen Beruf ohne Krawattenzwang. Nach der offiziellen Übergabe des »Entlassungsscheins« bot mir die Schulleitung noch einen Vertrag für weitere zwei Jahre bis 67 an. Bezeichnungen wie »der Bekloppte« oder »der Verrückte« im Lehrerzimmer habe ich damals als Auszeichnung aufgefasst.

Diesen Rentner-Aufschub nutzte ich, um mich in eine Fremdsprache einzuarbeiten. Zweieinhalb Jahre lang durfte ich einige Stunden in der Woche Spanisch unterrichten. Das war eine absolute Herausforderung für mich, da ich von Hause aus Informatiker, Wirtschaftler und Politologe bin. Spanisch war für mich nur ein Neigungsfach ohne Lehrbefähigung. Die Sprache habe ich in 20 Jahren während unzähliger Urlaube im Land selbst gelernt. Zusätzlich besuchte ich viele Jahre lang eine spanische Abendschule.

Die Einarbeitung war nicht einfach, denn es ist ein Unterschied, ob man in einer spanischen Kneipe auf Ibiza über Fußball redet oder 25 Schülerinnen und Schüler in die Korrespondenz und die Geheimnisse der fremden Grammatik einweiht.

Trotzdem habe ich mich mehr und mehr gefragt, wie es denn weiter gehen würde, wenn mein Leben nicht mehr durch einen Stundenplan bestimmt würde. Mir eine Lederjacke anziehen und auf Rocker-Opi machen? Das konnte ich schon meinen Kindern nicht antun. Meine Frau grinste nur, wenn ich ihr von meinen Vorstellungen über zukünftigen Aktivitäten erzählte, und riet mir, ganz neue Dinge zu suchen und auszuprobieren. Solche Ratschläge, neue Dinge auszuprobieren, hörte ich ständig und las sogar darüber in der Rentner-Bravo, der Apothekenzeitschrift. Diese Tipps empfand ich genau so hilfreich wie: Nun tu doch mal was! Diese sind höchstens dazu geeignet, jemanden depressiv werden zu lassen, da man gerne etwas tun möchte, aber nicht weiß, was.

Zwei Räder weit entfernt am Horizont

An meinem Berufskolleg gab es einige Kollegen, die morgens mit einem Motorrad zum Dienst kamen. Sie hatten einen Extra-Parkplatz unter einem Vordach, und ich sah sie jeden Morgen ihre Maschinen dort parken. Das waren ganz normale Kollegen, denen nicht anzusehen war, welche obskure Art der Fortbewegung sie pflegten. Merkwürdigerweise waren sie auch ausgesprochen gesund, denn sie meldeten sich fast nie krank, was bei Lehrern etwas ungewöhnlich ist. Sie hatten weder Rheuma, noch chronisch entzündete Nasennebenhöhlen oder lautstarke Bröckchen-Hust-Bronchitis. Laut Statistiken hätten sie wenigstens ab und zu mit Gehhilfen oder eingegipsten Schultern herumlaufen müssen. Nein, diese Kollegen erfüllten in keiner Hinsicht meine Vorurteile gegenüber Motorradfahrern und trotzten der allgemeinen Ansicht von Kamikazetypen auf Rädern.

Natürlich war ich beeindruckt, wenn sie mir ihre Maschine zeigten. Die Motorräder strahlten irgendwie geballte Potenz aus. Dicke Reifen hinten, schmalere vorn, es schimmerten viele verchromte Hebel unterhalb des voluminösen Tanks. Das ganz Erscheinungsbild erschien mir so fremdartig wie die Innere Mongolei. Die Frage nach der Handbremse und dem Schaltknüppel habe ich mir damals verkniffen. Sie hätte mich sicherlich in deren Augen als absoluten Idioten klassifiziert.

Meine einzigen Erfahrungen mit motorbetriebenen Zweirädern stammten aus meinen Aufenthalten in Spanien. Dort konnte ich mit einer uralten französischen Mobylette mit Automatik knatternd zum Einkaufen fahren. Sie war weder versichert, noch besaß sie ein Kennzeichen, ein Helm fehlte ebenso. Letzteres war normal, denn echte spanische Kerls sagten noch bis in die späten 90er Jahre: Helmträger sind Feiglinge ohne Eier und somit keine echten Männer. Die große Anzahl von Kreuzen an den spanischen Straßenrändern gab mir damals doch zu denken. Der Auspuff dieses vorsintflutlichen Gefährts gab beim Fahren Geräusche wie ein Panzer von sich, denn er war durchlöchert wie ein Sieb. Von damals wusste ich noch, dass der Gashahn rechts am Lenker war. Aber das waren auch die einzigen Gemeinsamkeiten zwischen einem normalen Motorrad und diesem Gefährt. Gebremst wurde wie bei einem Fahrrad per Rücktritt. Durch Ortschaften durfte ich wegen der Lautstärke auf keinen Fall fahren, sondern immer nur mit wenig Gas drum herum. Zu laut war der Motor und zu saftig die Strafmandate. Wenn mich die Polizei heute mit dem Moped erwischen würde, ginge ich garantiert für zwei Jahre in den Knast.

Trotzdem war das Fahren damals schon eine tolle Sache. Mit 25 km/h bei 35 Grad im Schatten auf einer Landstraße herumzudüsen, hat wirklich Spaß gemacht. Leider soff die Maschine regelmäßig beim Starten ab, so dass ich mich auch bei 35 Grad schiebenderweise fortbewegen musste. Da sich mein ständiges Urlaubsdomizil auf einem Berg befand, war der Tag nach solch einer kraftraubenden Schiebeaktion gelaufen. Die Karriere als waghalsiger Mopedfahrer war daher relativ schnell beendet. Die Urlauber in den angrenzenden Häusern atmeten tief durch und fingen schon nach kurzer Zeit wieder an, mich zu grüßen.

Steter Tropfen

Grippeviren besitzen ja bekanntlich eine sogenannte Inkubationszeit, bis sie zuschlagen. Sie wachsen und vermehren sich irgendwo verborgen in den Tiefen unseres Körpers, ohne dass wir davon Notiz nehmen. Und dann, eines Tages, liegen wir flach. Danach geht nichts mehr, wehren ist zwecklos. Gute Medikamente verkürzen die Krankheitsdauer auf circa 14 Tage, ansonsten dauert sie zwei Wochen.

So muss es auch mir gegangen sein, als mein Sohn sich nach dem Abitur ein Motorrad zulegte. Eine 650er BMW, die gedrosselt 34 und dann zwei Jahre später 48 Pferdestärken besaß. »Gigantisch und saugeil« umschrieb er das Gefühl, wenn er aufgesattelt hatte und dem Motor die Sporen gab. Eine Beschleunigung von fünf Sekunden auf Hundert war für mich als braver Autofahrer einfach unvorstellbar.

»Papa, du musst auch biken« war von nun an die ständige

Ansage meines Sohnes. Er entwickelte sich zu einem penetranten Missionar, der mich auf den Weg zur Freiheit auf der Straße bekehren wollte. Er und ich hatten schon eine Menge zusammen erlebt. Dazu gehörten gemeinsame Fahrten durch Spanien (mit dem Auto!), Tauchen, Speedboot fahren, Hochseeangeln, um nur einige gemeinsame Unternehmungen zu erwähnen. Zu all diesen Aktivitäten hatte ich ihn aufgrund meines Vater-Status und meiner potenten Urlaubskasse gebracht.

Es blieb mir nichts anderes übrig, als dass ich mir einen Katalog von Gegenargumenten zulegte. Das hieß aber auch, dass ich mich gezwungenermaßen mit dem Motorradfahren auseinandersetzen musste. Was ich nicht ahnte: Mein Sohn hatte sich ebenfalls präpariert und sich wohl auf den gleichen Internetseiten über die Vorurteile gegen das Biken fit gemacht.

Zuerst einmal brachte ich mein Alter ins Spiel. »Ich bin zu alt als Motorradfahrer«, war mein erstes Argument. Da hatte ich schlechte Karten, denn prompt bekam ich eine Statistik um die Ohren geknallt, die genau das Gegenteil belegte. Das Durchschnittsalter hinter dem Motorradlenker liegt in Deutschland und den USA bei ca. 55 Jahren. »Außerdem«, so lautete sein Hauptargument, »treibst du täglich Sport und bist fit wie ein Turnschuh«.

Dann fing ich an zu faseln und packte meine Vorurteile aus. »Motorradfahrer sind Raser, ungebildet und Technikfreaks. Sie sind ungepflegt und frauenfeindlich!« Mein Sohn brauchte genau fünf Sekunden, um mich ins Leere laufen zu lassen. Die Raser würden immer weniger, da sie sich statistisch gesehen selbst beseitigen. Rasen müsste ja nicht sein, sondern touren sei angesagt. »Aha und was ist mit den anderen Argumenten?« wollte ich gerade nachhaken. »Frag doch mal Deinen Hausarzt lieber Papa, was der für eine Karre fährt?«, setzte er süffisant hinzu. Ich dachte, ich hätte mich verhört. Mein so netter und hilfreicher Arzt ist ein Biker? »Doch, Doktor Sorge fährt eine 1000er Honda Fireblade mit 180 PS. Eine echte Rennmaschine ist das«, fuhr er fort. Mir blieb die Spucke weg. Mein Hausarzt legte in der Mittagspause eine Gummispur in die Kurven meiner bergischen Heimat, um dann am Nachmittag seinen Patienten etwas über gesundes Leben zu

erzählen. Ich fasste es nicht!
»···und was die Frauenfeindlichkeit von Bikern angeht, so hast du echt keine Ahnung. Mehr als 400000 Frauen fahren in Deutschland Motorrad. Du erkennst sie nur nicht, da sie ja unter einem Helm versteckt sind. Fahr doch einfach mal mit mir zum Biker-Treff an den Baldeneysee oder ins Café Hubraum nach Solingen. Du glaubst gar nicht, wie viele Frauen als Fahrerin oder Sozia dort einen Kaffee trinken«. Was sollte ich dagegen sagen, ich glaubte ihm diese Zahl einfach nicht! Aber so langsam gingen mir die Argumente aus. Auf das Thema »mangelnde Technikfähigkeiten« wollte ich nicht weiter eingehen, ebenso wenig auf Rocker oder ungepflegte Erscheinungen.
»Und was ist mit meiner Ulrike?«, setzte ich als vorletztes Argument ein. »Ich fahre also lustig in der Gegend rum und sie sitzt zu Hause? Niemals!«, gab ich mir selbst die Antwort. Es wäre wohl besser gewesen, wenn ich mich vorher umgedreht hätte. »Ich fahre mit dir«, ertönte es hinter meinem Rücken. »Im Keller liegt ein gut erhaltener Motorradhelm von mir und eine Kombi habe ich auch noch!« Jetzt saß ich in der Falle. Ich hatte wohl verdrängt, dass ich eine Frau mit Biker-Vergangenheit geheiratet hatte.
Es gab nur noch ein Argument gegen das Motorradfahren. Dieses hatte ich mir als letzten Rettungsanker vorbehalten.
»Ich besitze keinen Führerschein, ich darf gar kein Motorrad fahren«, sagte ich, um die Diskussion ein für alle Mal zum Schweigen zu bringen. Mein Sohn hatte sich wohl mit meiner Frau abgesprochen, denn ich stand plötzlich einer 2:1-Koalition gegenüber. »Du fängst mit einer 125er Maschine an. Die hat nur 15 PS, läuft 110 km/h und kann prima zu zweit für kleine Touren benutzt werden«, widerlegte mein Sohn mein Argument, während meine Frau strahlend nickte. Da ich vor 1981 meinen Autoführerschein gemacht hatte, besaß ich eine Erlaubnis für diese kleinen knatternden Maschinen. Sie wussten es also auch schon. »Und dann schenke ich dir, wenn es dir gefällt, den Motorrad-Führerschein zum Geburtstag oder zu Weihnachten«, frohlockte Ulrike und kündigte weitere Anschläge auf mich an.
Ich kapitulierte in der Hoffnung, dass jetzt erst einmal das

Thema für die nächsten Monate erledigt sei. Dann versprach ich unter den eindringlichen Blicken meiner beiden Kontrahenten, mich auf »www.mobile.de« oder bei einem Händler in der Gegend nach einem adäquaten Zweirad umzusehen.

Zwanghafte Annäherung

Deutschland stirbt aus, wenn man den Statistiken Glauben schenken darf. Daran sind allerdings nicht die verrückten Motorradfahrer schuld, sondern die niedrigen Geburtenraten. Wenn sie durch die Straßen gehen, werden sie vergeblich nach schwangeren Frauen Ausschau halten. Es sind ja auch schon Bücher über die geburtsunwilligen deutschen Frauen geschrieben worden, die die Rentenkassen auf Diät setzen und die armen Rentner ins Unglück stürzen.
Aber was hat denn das mit dem Thema Motorrad zu tun?
Ganz einfach. Wenn ihre Frau, Tochter, Enkelin oder Freundin doch einmal gegen den Trend schwanger wird, ändert sich ihre persönliche Umgebung schlagartig. Man sieht in den Straßen jede Menge Frauen, die vor sich hinschwängern. Ja selbst im engeren Bekanntenkreis scheint der »Gute-Hoffnungs-Virus« zugeschlagen haben. Babybetten, Wickelkommoden und die neuesten pädagogischen Trends werden auf einmal bei Treffen mit Freunden zu zentralen Themen.
Sie werden es sicherlich auch wissen, diese veränderte Wahrnehmung hat etwas mit der themenspezifischen Sensibilisierung zu tun. Es gibt nicht mehr Schwangere, sondern man achtet unbewusst mehr auf sie.
Diese Sensibilisierungsphase in Sachen Motorräder hat bei mir nicht Monate gedauert, sondern wenige Tage. Mit meinem Hund an der Leine, im Straßencafé beim Espresso oder beim Fahren über Land, überall sah ich Motorräder. Es war, als ob sich in meiner direkten Umgebung irgendwelche Schleusen geöffnet hätten. Große und kleine Roller, Rennmaschinen mit röhrendem Auspuff oder säuselnde chromblitzende Ungetüme mit eingebautem Kühlschrank und Mikrowelle kamen mir entgegen oder überholten mich. Ich fragte mich, wo ich die ganzen Jahre meine Augen gehabt hatte. Oder sollte es

so sein, dass meine Frau und mein Sohn via Twitter oder Facebook die ganzen Biker auf mich hetzten, wenn ich mich auf die Straße begeben hatte?
Samstags und sonntags von März bis Oktober ist Formel-1-Saison. Mit Begeisterung schaute ich immer, wenn möglich, das Samstags-Qualifying und das Sonntags-Rennen. Dieses Vergnügen wurde durch den konkurrierenden Sportsender Sport1 getrübt, denn die übertrugen im gleichen Zeitraum Motorradsport. Mehr als einmal erwischte ich mich, dass ich permanent zwischen den beiden Kanälen hin und her zappte. Ich fing sogar an, auch MotoGP oder andere Motorradereignisse spannend zu finden. Allerdings nur solange, wie ich allein TV glotzte. Betrat meine Frau das Zimmer, brummten natürlich die Rennwagen über den Bildschirm.
Im Supermarkt blätterte ich in den gängigen Motorradzeitschriften. An der Kasse auf dem Band lagen diese dann unter dem Gemüse und den Wurstpäckchen. Ich kam mir einfach albern vor, in meinem Alter eine Zeitschrift mit knalligen Bildern von Rennmaschinen zu kaufen. Bisher lag mein Interesse mehr bei Fotozeitschriften, weil ich leidenschaftlich gern fotografiere. Die Motorradheftchen lagen dann erst einmal hinter dem Vordersitz meines Autos. Erst später, wenn die Luft rein war, verstaute ich sie hinter dem Monitor meines PCs.
Das Lesen dieser Fachzeitschriften gestaltete sich schwierig. Bei der Beschreibung der Testmotorräder wurden Begriffe verwendet, die ich noch nie gehört hatte und deren Sinn sich mir teilweise bis heute verschlossen hat. Ich kenne Millimeter, Zentimeter oder laufende Meter. Jetzt habe ich die Bezeichnung Newtonmeter hinzugelernt. »Die neue BMW besitzt 120 Newtonmeter. Das verspricht Power ohne Ende von unten heraus«, las ich im ersten Testbericht. Aha, irgendetwas unten an der Maschine vermittelt also Power ohne Ende. Aber was? Unten ist doch nur der Motor flankiert von Bremshebel und Schalthebel. Letztere hatte mir mein Sohn dankenswerterweise an seinem Bike gezeigt. Erst später verstand ich, dass Newtonmeter etwas mit der mobilisierten Kraft und Beschleunigung aus niedrigen Touren heraus zu tun hat. Inzwischen weiß ich auch, dass »nach vorne und

nach unten zentrierte Massen« etwas mit der Straßenlage zu tun haben. Sicherlich werden echte Biker glänzende Augen bekommen, wenn ihre Maschine eine Alu-Einarmschwinge und ein Zentralfederbein mit 120 mm Federweg besitzt. Mir sagt das bis heute sehr wenig und hindert mich aber nicht, von A nach B zu biken. Den Unterschied zwischen Vierkolben- und Zweikolben-Festsätteln bei Scheibenbremsen habe ich übrigens verstanden. Man sieht ihn.
Dass ich mich ganz sicher auf dem Weg von vier Rädern hin zu zwei Rädern bewegte, war mir klar, als mein Freund Werner anrief. Dieser nette Mensch besitzt zwei BMW-Motorräder mit Vollverkleidung. Diese sind riesengroß und wiegen, so vermutete ich damals, mindestens eine Tonne. Ich sah ihn häufig bei gutem Wetter mit seiner Frau, der Sozia (!!), winkend an meinem Vorgarten-Parkplatz vorbeifahren. Sie machten fast täglich nur zum Spaß kleine Ausflüge und benutzten dazu das Motorrad. Vor einiger Zeit sind sie sogar bis zum Polarkreis mit dem Motorrad gefahren. Zu zweit, auf dem Motorrad, fast 7000 km in drei Wochen. Die Bilder, die sie mir von unterwegs zeigten, haben mich beeindruckt, insbesondere ich ja dem Fotografieren selbst sehr zugetan war. Irgendetwas musste ja doch an dieser Art der Fortbewegung dran sein.

»Sag mal Udo, hast du nicht Lust, mit meiner weißen BMW auf dem Aldi-Parkplatz ein wenig mit mir zu üben?«, fragte er mich eines Tages. Zuerst war ich perplex und dann schwante mir, dass diese Frage auch Teil eines Komplotts war. Frau, Sohn und Freund sägten an meiner Widerstandskraft. Trotzdem lehnte ich dieses Ansinnen rundweg ab, da ich einfach viel zu viel Angst vor diesem weißen Ungetüm hatte. Er lachte nur und meinte, dass er mich garantiert später überzeugen würde.
Langsam wurde mir klar, dass ich unter Zugzwang stand. Die gut organisierte Zermürbungstaktik meiner Lieben ging auf. Ich musste handeln.

Groß und schwer und trotzdem gut gelaunt auf Tour.

Zu alt? Nicht fit genug?

Bevor ich die entscheidenden Schritte für eine neue Laufbahn auf der Straße machen würde, wollte ich mich doch absichern. Mir stellte sich die Frage, ob ich mich mit 65 Jahren nicht lächerlich mache, wenn ich auf einmal mit Helm, Kombi und dicken Stiefeln herumfahren würde. Es reichte mir, dass meine Enkel »Opi« zu mir sagen, der Rest der Welt um mich herum sollte damit nicht auch noch anfangen.
Wo findet man Informationen zum Thema »Senioren und Motorradfahrer«? Natürlich im Internet. Als ich diese Suchbegriffe in Google eingetippt hatte, explodierte der Bildschirm förmlich. Tausende von Beiträgen waren dort als Fundstellen aufgelistet. Es gab und gibt sehr viele Motorrad-Foren, die speziell für Seniorinnen und Senioren eingerichtet worden sind.
Zum Glück war ich nicht der Einzige, der mit dem Thema Alter und Motorrad seine Probleme hatte, wie der folgende typische Forumseintrag zeigt:

Motorradfahren - ein Hobby für Senioren?
Gestern war ich auf der IMOT in München. Freitag Nachmittag.

Was mir auf dem Fußweg zur Messe sofort aufgefallen war:

Da waren nur ältere Männer unterwegs!!!

Gut, ich bin selber schon 48, aber unter den Besuchern kam ich mir richtig jugendlich vor. Leute wo führt das hin?

In 10 Jahren:
- Betreute Motorradreisen für Senioren
- Motorradarmaturen mit extragroßen Zahlen
- Altenheim mit garantiertem Stellplatz für die BMW R1200LT
- Rheumadecke als Zugabe bei Kauf einer Harley

Ganz im Ernst: Es waren fast keine Besucher unter 30 zu sehen!!

Mein Sohn mit 19 war weit und breit einer der wenigen in dieser Altersklasse, die in den Hallen unterwegs waren.

Als ich diesen Beitrag las, war ich von den Socken. Sollte ich mich so getäuscht haben und es doch mehr alte Säcke auf zwei Rädern geben, als ich gedacht hatte? Mein Interesse war geweckt.
Aus Zeitgründen habe ich dann die Suche eingeschränkt, um auch wissenschaftliche Untersuchungen zu diesem Thema zu bekommen.
Im deutschsprachigen Raum (also auch Schweiz und Österreich) gibt es eine Menge von Untersuchungen, die das wachsende Interesse der älteren Generation am Motorradfahren thematisieren.
Fazit: Ja, es gibt sie in riesiger Zahl, die älteren Motorradfahrerinnen und Motorradfahrer zwischen 45 und 85. Meine Zweifel an der großen Zahl von Motorradfahrerinnen, die mein Sohn erwähnt hatte, waren falsch. Es gibt sie wirklich!
Die Gründe für die Alterspyramide bei den Bikern liegen nicht nur in der Überalterung unserer Gesellschaft. Ende der 60er Jahre war eine Sturm-und-Drang-Zeit angebrochen, die sich in einem wachsenden Easy-Rider-Gefühl Ausdruck verlieh. Ich selbst gehörte der 69er Generation an, allerdings ohne Motorrad. Viele der damaligen Biker sind dem Hobby bis heute treu geblieben. Andere dagegen sind erst einmal nach der Ausbildung oder Studium auf vier Räder umgestiegen und sind »bürgerlich« geworden. Sie haben Karriere gemacht, Familie gegründet, Kinder bekommen und eventuell ein Häuschen gebaut. Die Kinder sind inzwischen flügge geworden, das Häuschen ist abbezahlt und jetzt erinnern sie sich an die gute alte Zeit. Der Wunsch nach einem Motorrad wird wieder wach.
Dieser Wunsch kann erfüllt werden, da die älteren Biker in spe genug Geld haben, um sich auch größere und teuerere Tourenmaschinen zu leisten. Ergo, das sind die Leute, die auf den Messen vor den dicken BMWs oder Hondas mit glänzenden

Augen herumstehen und sich vor Sehnsucht verzehren.
Professorin Maria Limbourg von der Uni Duisburg hat eine Untersuchung zum Thema »Mobilität im höheren Lebensalter« durchgeführt und ist zu sehr interessanten Ergebnissen gekommen.
Kurz zusammengefasst:
Der Anteil der Zahl der älteren Motorradfahrer wird in den nächsten Jahren noch zunehmen. Grund: Unsere Gesellschaft wird immer älter.
- Die Anzahl der 45- bis 49-jährigen Biker ist mit fast 800000 die größte Gruppe.
- Die 50- bis 54-Jährigen sind mit fast 700000 ebenfalls stark vertreten.
- Die Zahl der 55- bis 64-Jährigen liegt bei beachtlichen 650000, und
- die 65- bis 79-Jährigen bringen es auf unglaubliche 270000.
- Kaum zu glauben ist die Größe Gemeinde der über 80-Jährigen Biker(innen), nämlich 11500.

Die Forschungsgruppe betitelt diese Altersgruppen als Fahrer von Leichtkraft- und Motorrädern. Darin sind also auch die Rollerfahrer ab 80 ccm enthalten.
Wer jetzt annimmt, dass an den Straßenrändern sich die verunglückten Altbiker stapeln, hat sich getäuscht. Es ist wissenschaftlich erwiesen, dass viel mehr junge Fahrer verunglücken. Älterer Fahrer (ich schließe hier die weiblichen Bikerinnen mit ein) fahren einfach umsichtiger und haben erheblich mehr Erfahrung mit den Zweirädern. Außerdem planen und organisieren die Senioren ihre Motorradfahrten besser als junge, was das Unfallrisiko erheblich mindert. Trotzdem wird vor den sogenannten Kompetenzeinbußen älterer Biker gewarnt: Eingeschränkte Motorik, Beweglichkeit, Nachlassen des Seh- und Hörvermögens, um nur einige zu nennen.
Wer allerdings regelmäßig Sport treibt und sich gesund ernährt, minimiert diese Risiken.
Fazit: Motorradfahren hält auch im Alter fit und jung wie normaler Sport. Die Risiken sind überschau- und beherrschbar.
Es wurde Zeit, dass ich das endlich begreifen würde.

Kapitel 2 - Krankenhaus oder Karriere

Der Gesetzgeber hat mir als älterem Autofahrer Grenzen gesetzt, die das Motorradfahren einschränken. Der Motor darf höchsten 125 ccm Volumen besitzen und die PS-Zahl ist auf 15 begrenzt. Damit beschränkt sich natürlich die Auswahl an Zweirädern auf zwei Kategorien: Roller oder Kleinkraftrad.
Auf keinen Fall kam für mich eine dieser nervtötenden Knatterbüchsen infrage, die im Rennlook die Straßen unsicher machten. Oft genug bin ich mit meinem Hund an der Leine zur Seite gesprungen, wenn diese Maschinchen mit ihrem giftigen Sound durch den Kreisverkehr nebenan und dann am Überweg an mir vorbeigebrettert waren. Auf so ein Gerät wollte ich mich auf keinen Fall setzen. Zu peinlich war die Vorstellung, dass ich irgendwann einmal meinen Helm in Gegenwart von jungen Leuten hätte abnehmen müssen. Fragen wie »Ey Alter, wo ist denn die Anhängerkupplung für deinen Rollator?« wollte ich nicht provozieren.
Ich begann also nach Fahrzeugen zu suchen, die zu mir und meinem Alter passten, wobei ich mein tatsächliches Alter wohlwollend nach unten abrundete. Auch wollte ich nicht zu viel für ein Zweirad mit Motor ausgeben, da ich die ganze Aktion als zeitlich begrenztes Experiment ansah.
Es kristallisierten sich zwei Typen heraus. Roller mit anständig Dampf unter dem Sattel oder fast erwachsene Motorräder, die einen kleinen 125er Motor besaßen. Letztere waren häufig Chopper-Typen, die einer Harley-Davidson ähnelten. Deren Sound klang nach Blechdose angehängt an ein Auto. Einen solchen Zwergen-Chopper wollte ich mir nicht antun, ich fand sie einfach lächerlich.
Sehr informativ für mich waren die Gespräche mit selbst ernannten Motorrad-Experten. Die Hälfte von ihnen lehnten Roller per se ab und rieten mir, sofort den Führerschein zu machen, um ein richtiges Bike zu kaufen. Die andere Hälfte hatte noch irgendwo in dem hinteren Teil ihrer Garage eine alte Lambretta stehen oder eine 80er Herkules, die sie mir günstig verkaufen würden. In deren Köpfen hatte sich seit 20 Jahren nichts mehr verändert.

Nach einigem Hin und Her und ausgiebigem Suchen im Internet entschied ich mich, mir einen Roller mit 15 PS zuzulegen. So etwas passte meiner Meinung nach zu meinem Alter und versprach auch Fahrkomfort und Sicherheit für zwei Personen. Kein Kuppeln, kein Schalten, nur am Gashebel drehen und eine der beiden Bremsen am Lenker betätigen. Das klang einfach und beherrschbar, dachte ich. Ein weiterer Vorteil dieses Zweirad-Typs war, dass ich vor Regen geschützt hinter einer vorderen Schürze, plus großer Panoramascheibe, saß. Dafür nahm ich auch das mitleidige Kopfschütteln meines Sohnes in Kauf.

Roller kaufen

Wo sucht man, wenn man nicht weiß, wo der nächste Motorradhändler sitzt, der auch gebrauchte Roller anbietet? Einen neuen Roller wollte ich mir nicht zulegen, denn deren Preise lagen zwischen 2200 und 4500 Euro. Völlig unbedarft ging ich zu einem Händler, der direkt neben meinem Berufskolleg sein Geschäft hatte. Sein Hauptgeschäft war der Verkauf von kleinen Scootern, deren Namen ich noch nie gehört hatte. Davon hatte er bestimmt 200 Stück auf Halde liegen. Er bot mir freudestrahlend einen sehr günstigen gebrauchten Roller im Classicdesign namens ZongChen an, der aus dem Land der aufgehenden Sonne stammte. Der Preis lag bei sagenhaften 1000 Euro, hatte angeblich 15PS und rissige Reifen. Sein Design war nicht mehr das Neueste und stammte wohl aus der Mao-Kulturrevolution in den 60er Jahren. Aber der Verkäufer behauptete steif und fest, dass die Hondas, Suzukis oder Peugeots nicht an die Qualität dieses Rollers herankämen und wischte gleichzeitig mit einem Tuch die dicke Staubschicht von dem Fahrersitz. Mir gruselte es und ich machte mich schleunigst aus diesem Staub. Jetzt musste mir das Internet weiterhelfen.

Unter »www.mobile.de« wählte ich einfach »Roller/Scooter« und legte eine Preisspanne zwischen 500 und 1200 Euro fest. Das Ergebnis war üppig und unübersichtlich. Über 400 Ange-

bote wurden angezeigt. Ich musste die Suche also auf regionale Anbieter einschränken. Damit schaffte ich es, die Liste auf 30 Fahrzeuge zu verkürzen.
Mit einigen Angeboten in der Tasche befragte ich den Schrauber, dessen Service-Station mein Sohn seine BMW anvertraute. Danach war ich schlauer. Es sollte eine Honda Pantheon 125 sein.
Im Internet fand ich nur positive Kritiken über diesen Roller, und der ADAC war in einem Test voll des Lobes. Angeblich sollte der Roller eine Rakete sein, denn 110 Km/h als Spitzengeschwindigkeit waren Bestwert in dieser Klasse. Daher stammte wohl auch sein Spitzname »Rennsemmel« oder etwas zärtlicher »Rengeldengel«, was sich auf den typischen Sound eines Zweitakt-Motors bezieht. »Wenn schon beschränkt«, dachte ich, »dann aber in der Spitzenklasse«.
Mein Sohn schüttelte natürlich den Kopf, als er von meinen Kaufabsichten hörte. »Das ist nichts Halbes und nichts Ganzes«, so sein Kommentar. »Das hat mit Motorradfahren gar nichts zu tun. Da wirst du noch nicht mal von anderen Motorradfahrern ernst genommen, geschweige denn von denen gegrüßt«, schloss er sein vernichtendes Urteil ab. Dass gerade das Grüßen auf der Straße von eminenter Wichtigkeit für das Selbstvertrauen von Bikern war, sollte mir erst später schmerzhaft bewusst werden.
Mein Anruf bei einem Honda-Händler in Solingen, der ein passendes Angebot im Internet stehen hatte, war gewöhnungsbedürftig. Ich meldete mich mit meinem Namen und wurde sofort mit meinem Vornamen angesprochen und geduzt. Unter Bikern ist das üblich, meinte mein Sohn. Bisher war ich das nur vom Wassersport (Surfen, Segeln oder Motorboot fahren) gewohnt, und hatte somit keine Probleme mit dieser Art der Anrede. Ja, die Pantheon wäre noch da und würde für 1000 Euro verkauft. TÜV und Inspektion wären gemacht, man könne sofort losfahren. Ich bin dann auch losgefahren, allerdings mit dem Auto und dem Beistand meiner Frau. Irgendwie wurde ich das Gefühl nicht los, dass sie neben mir zufrieden in sich hinein lächelte.
Der erste Eindruck beim Motorradhändler hat mich fast umgehauen. Sowohl vor der großen modernen Ausstellungshal-

le, als auch drinnen standen unzählige Zweiräder dicht nebeneinander aufgebockt. Kleine Miniroller bis hin zu wahren Straßen-Schlachtschiffen. Wir betraten staunend die Halle und sofort erspähte uns ein junger, gut aussehender Verkäufer und begrüßte uns. Er hieße Sebastian und müsse nur noch ein kleines Telefonat führen und würde dann zu uns kommen. Wir sollten uns doch in Ruhe ein wenig umschauen. Genauso gut hätte er sagen können: »Geht schon mal zum Buffet und nehmt euch eine Vorspeise!«

Andächtig schlenderten wir durch die Reihen von gut riechenden, bunt lackierten Motorrädern. So nah war ich noch nie an so eine große Ausstellung von Maschinen herangekommen. Meine Frau inspizierte die Sitze und drückte mit dem Daumen Dellen in die Polsterung der Sitze. Ein Testkriterium, das ich aus keiner Testzeitschrift kannte. »Du kannst dich auch mal draufsetzen, sie steht ganz fest!«, rief uns der Verkäufer von seinem Schreibtisch aus zu und hielt dabei die Hand vor die Sprechmuschel seines Telefons. Er beobachtete während des Gesprächs genau, was wir uns anschauten und schätzte uns ein.

Soweit wollte ich es nicht kommen lassen. Wer springt schon vom 10-Meter-Brett ins Wasser, wenn er nicht schwimmen kann. Was ich aber nicht ahnte, ich hatte den echten Biker-Bazillus schon eingeatmet. Dieser hatte allerdings eine Inkubationszeit von zwei Jahren, wie sich später herausstellte.

Zwei Minuten später führte uns der junge Mann vor die Halle und deutete auf eine Reihe von abgestellten Motorrollern. »Da steht das gute Stück«, sagte er und zeigte vage auf die bunten Zweiräder mit putziger vorgebauter Schürze. Ja, mit so etwas konnte ich mich anfreunden. Klein, leicht und beherrschbar kamen sie mir vor. »Und? Auf so was soll ich mich hinten draufsetzen?«, murmelte meine Frau mir beleidigt zu, während wir die Parade abschritten.

»Hier ist sie, fertig inspiziert und TÜV frei, ein echtes Schnuckelstück«, wandte sich Sebastian an meine Frau und fügte strahlend hinzu: »Ihr habt noch ein Jahr Werkstatt-Garantie zusätzlich auf alle wichtigen Teile!« Hinter vorgehaltener Hand steckte mir Sebastian noch, dass der Motor der Pantheon aus einer Rennserie zurückentwickelt worden sei und

deshalb in seiner Klasse unschlagbar wäre. Er wollte wohl die männliche Seite in mir zum Schwingen bringen.
Diese schwarz-glänzende Honda war aber keine kleine leichte Schnuckelhonda, sondern ein ausgewachsener Motorrad-Roller von fast 175 Kilo Gewicht. Mit uns beiden oben drauf wären das dann netto 300 Kilo in Bewegung. »Oh«, rief meine Frau verzückt und drückte wieder ostentativ mit dem Daumen die Polsterung des Fahrersitzes herunter. Dieser Daumendruck sagte mehr aus als jeder Motorradtest in einer Fachzeitschrift. »Schau mal, was für ein bequemer Sitz. Darf ich den mal ausprobieren?«, fragte sie begeistert den Verkäufersebastian. Damit war die Wahl des Rollers bereits gegessen. Sie saß auf der aufgebockten Maschine und wippte glücklich mit ihrem Hinterteil. »Total bequem, nur die Rückenlehne fehlt noch«, wandte sie sich an Sebastian. Damit hatte sie zwei Dinge ins Rollen gebracht:
1. der Roller war gekauft und
2. ein Topcase mit einer gummierten Rückenlehne für 400 Euro war schon fast bestellt.
Eine weitere Forderung meiner Frau, dass das Nummernschild zwei U's für Ulrike und Udo aufzuweisen hätte, wurde von Sebastian notiert.
Nachdem mich beide gefragt hatten, ob ich denn mit der Wahl zufrieden sei, fragt ich mich, welche Wahl ich denn gehabt hätte. Natürlich stimmte ich zu: Allerdings leicht irritiert, dass Daumentestergebnisse solch ein Gewicht haben konnten.
Der Kaufvertrag war innerhalb von fünf Minuten fertig, mein Personalausweis und die Versicherungsnummer für die Anmeldung lagen auf dem Schreibtisch und kurz darauf fuhren wir zurück nach Hause. Eine Motorradkombi, Handschuhe und Helm würde ich anprobieren und kaufen, wenn ich den Roller abholen würde.
»Meinst du«, begann ich zweifelnd und wurde sofort unterbrochen. »Ja das meine ich! Die wird dir gefallen, da bin ich mir ganz sicher«, sagte sie voller Überzeugung und großer Begeisterung. »Hast du gesehn, wie bequem ich darauf gesessen habe? Ganz weich und ich konnte mich mit den Beinen richtig fest auf den zwei Tritten unten abstützen«. Was

sollte ich noch weiter dazu sagen! Ihr Daumen und ihr Po hatten beschlossen, dass ich mit dem Roller glücklich werden würde. Ich fügte mich in mein Glück.
Die nächsten Tagen waren ein einziger Countdown. Ich erwischte mich immer wieder, dass ich das Telefon anstarrte in der Hoffnung, dass es endlich losging. Warten ist nun mal nicht meine große Stärke und unangenehme Dinge will ich immer sofort erledigen. Die Zeit überbrückte ich, indem ich in meiner Freizeit im Internet in den einschlägigen Foren weitere Informationen über meine zukünftige Maschine einholte. Ich war beeindruckt, dass Hunderte von Rollerfahrer in diesen Foren aktiv waren.
Donnerstagnachmittag klingelte das Telefon. Ich konnte schon am Klingelton erkennen: Honda rief an, bzw. der Hondahändler. Am nächsten Morgen sollte die Maschine bereitstehen: Ich könnte ab zehn Uhr vorbei kommen und alles erledigen. Da meine Frau erst nachmittags zum Dienst musste, war das Bringen kein Problem. Das Elend würde erst gegen Mittag beginnen.
Die folgende Nacht war sehr kurz. Ich träumte, dass ich mit dem Roller einen Berg hinunter fuhr und nicht mehr bremsen konnte. Bevor ich aber aus der ersten scharfen Kurve flog, stieß mir meine Frau ihre Faust in die Rippen. »Mensch Udo, du wälzt dich wie verrückt hin und her. Was ist los? Ich kann bei deinem Gewühle und Seufzen nicht schlafen« Ich murmelte nur leise, dass ich schlecht geträumt hätte und hoffte, dass die Nacht bald vorbei wäre.

Ins kalte Wasser

Auf der Fahrt nach Solingen saß ich sehr schweigsam neben Ulrike und dachte über die kommenden Stunden nach. »Also«, begann ich zögernd das Gespräch, »wenn mir was passiert, dann weißt du, wen du alles benachrichtigen muss!« Ulrike unterbrach mich lachend. »Lieber Udo, sei nicht so zickig und ängstlich, dir passiert garantiert nichts. Du schaffst das locker«. Mir war niemals so deutlich vor Augen geführt worden, dass meine Frau mein Seelenleben überhaupt nicht kannte. Seit Jahren nicht. Nie! Und jetzt schickte sie mich ins Höllenfeuer und lachte auch noch. Meine Hände waren feucht und mein Mund wurde trocken. »Schau mal«, fuhr sie fort und deutete auf eine Gruppe von Mofafahrern, die gerade entgegenkamen, »was die können, kannst du auch, ganz sicher!« Dass diese aber 40 und mehr Jahre jünger waren als ich, schien sie nicht zu interessieren.

»Steig aus, man wartet schon auf dich. Außerdem muss ich zum Dienst. Komm doch nachher mit deinem Roller bei mir vorbei und entspann dich in der Sauna. Das wird dir gut tun!« Sie beugte sich zu mir herüber und gab mir einen Abschiedskuss. »Wer weiß, wann ich sie jemals wieder küssen würde«, dachte ich und stieg dann stumm aus. Meine Frau machte Dienst in einem Schwimmzentrum in Wuppertal, wo ich regelmäßig saunierte und schwamm.

Bevor ich mich umdrehen konnte und ihr noch einmal zuwinken konnte, wurde ich von Sebastian, dem Verkäufer unseres Vertrauens begrüßt. »Dein Roller ist fertig, du kannst sofort draufsteigen und losfahren«, meinte er. Da stand er also vor mir. Schwarz glänzend, mit einem neuen großen ebenfalls schwarz lackierten Topcase hinter dem Sitz. Mein Herz begann in meinem Hals fühlbar zu pochen. Neben der Nervosität wuchs allerdings auch meine Neugier und damit auch die Zuversicht, dass vielleicht alles gut gehen würde.

Sebastian überschüttete mich mit Informationen, während ich die Motorradklamotten anprobierte. Helm, Handschuhe und ein Honda-Halstuch waren ebenfalls im Nu gekauft. Ich war bei den Profis gut aufgehoben.

Nachdem ich den Roller nebst Zubehör bezahlt und alle Papiere verstaut hatte, gingen wir zu meinem neuen schwarzen Glanzstück. Ich fühlte mich mit dem Eimer auf dem Kopf wie ein Marsmännchen, die Kombi zwickte überall und schränkte meine Bewegungen ein. Das würde sich aber alles geben, so der Fachmann neben mir. Nichts von dem, was mir Sebastian vorher erzählt hatte, war in meinem Kopf haften geblieben. Also erzählte er mir geduldig noch einmal, worauf ich bei der Pantheon zu achten hätte. Zweitakt-Öl regelmäßig alle 800 km nachfüllen und auf den Reifendruck achten. Das war nichts Neues für mich, da ich schon seit mehr als 40 Jahren Autofahrer war. Das Armaturenbrett mit allen Anzeigen erklärte er nur kurz. Es folgten der Umgang mit den Bremsen, tanken, Verstauen von Klamotten unterm Sitz und im Topcase. Ich hörte mir alles in Ruhe an. Es war die Ruhe eines Delinquenten vor der Hinrichtung.

Der Moment war gekommen, vor dem ich mich gefürchtet hatte. Ich saß auf, stellte die Beine neben den Roller und startet den Motor. Das ging einfach, gleichmäßig pröttelte er vor sich hin. Links hielt ich die Bremse, rechts gab ich Gas. Nichts passierte. Inzwischen hatte ich Zuschauer bekommen, die mir alle aufmunternd zunickten. »Lass die Bremse los, Udo«, rief Sebastian. Ein Ruck, ein Wackler, schon stand ich wieder. Zum Glück hielt ich das Gleichgewicht und stand sicher auf zwei Rädern und zwei Fußsohlen.

»Langsam Gas geben, dann Bremsen los. Du wirst sehen, es geht ganz einfach«. Ich dachte in diesem Moment an den kaputten Roller in der Honda-Werkstatt. Der war von Sebastian geschreddert worden, wie er mir beim ersten Besuch erzählt hatte. Hoffentlich würde ich heil hier wegkommen, ging es mir durch den Kopf. »Mein Gott, lass mich die ersten hundert Meter überstehen, dann schaffe ich den Rest auch noch«, mit diesem Stoßgebet fuhr ich ruckelnd und schwankend an und…. steuerte auf die Ausfahrt zu.

Mitten in dieser Ausfahrt stand ein Poller, der den Weg für Pkws versperrte und nur von Rettungswagen oder Feuerwehr entfernt werden durfte. Der Zwischenraum war so schmal, dass selbst ein Matchbox-Miniaturfahrzeug Probleme gehabt hätte, dazwischen durchzufahren. Ich hielt an und peilte genau die Mitte zwischen Poller und Wegesrand an. Mit beiden Beinen rudernd und ein wenig mit dem Gas spielend ruckelte ich hindurch. Geschafft, nicht angeeckt, ging doch!

Die ersten zehn Meter hatte ich hinter mir. Ich stand an der Verkehrsstraße und musste rechts abbiegen. Tief Luft geholt, Blinker an, Gashebel gedreht und wieder Bremse los. Ich fuhr, ja ich fuhr sogar flott los und hielt genau auf die große, jetzt riesige Kreuzung zu. Über diese musste ich links abbiegen. Gegenverkehr beachten, in der Mitte einordnen, langsam anhalten, Füße auf den Boden. »Was wollen die denn, wa-

lich stellte sich Panik ein, meine Sitzhaltung verkrampfte sich wieder und Pressatmung setzte ein. Ich war zu schnell auf einer Straße gefahren, auf der niemand zu schnell fährt. Jeder außer mir weiß, dass dort seit 100 Jahren ein Starenkasten die Geschwindigkeit kontrolliert. Bremshebel gezogen und auf 50 km/h verzögert. Auf das Knöllchen habe ich dann drei Wochen vergeblich gewartet, bis mir jemand sagte, dass ich ja nur von vorn geblitzt worden wäre und daher auch keine Nachricht von der Stadt plus Foto kommen würde. Das fand ich sehr befriedigend, denn sie hatten ja mein Nummernschild nicht fotografieren können.
Die folgenden zehn Kilometer überstand ich ohne Probleme. Ich wurde einfach lockerer und nahm von meiner Umgebung immer mehr war. Sogar in die Rückspiegel schaute ich. Als ich den Roller auf dem Parkplatz des Schwimmzentrums aufbockte, kam mir Ulrike entgegen und lächelte erleichtert. Sie hatte schon bei Honda angerufen, da sie mit mir erheblich früher gerechnet hatte. Man hatte ihr gesagt, dass ich souverän und locker von dannen gebraust wäre. »Lügner«, dachte ich, »diese elende Lügner«. Oder war mein Abgang doch nicht so schlimm gewesen, wie ich es empfunden hatte?
Als ich meinen Helm abnahm, erschrak meine Frau. »Wie siehst du denn aus?«, fragte sie mich entsetzt. Meine Haare waren pitschnass und klebten am Kopf, der die Farbe einer überreifen Tomate angenommen hatte. Außerdem hatte ich einen trockenen Mund, weiche Knie und ein Gefühl, dass abwärts von meinem Allerwertesten alles gelähmt sei. Ulrike nahm meinen Helm und schickte mich mit Handtüchern bewaffnet in die Sauna. Vor mich hinschwitzend dachte ich über die die letzten zwei Stunden nach und begann, einen gewissen Stolz zu fühlen. 65 Jahre alt und dann so was?
Die Fahrt vom Schwimmzentrum nach Hause wurde noch einmal spannend. Ulrike stand mit einigen Kolleginnen am Fenster und kommentierte meinen Abgang. Ich musste allerdings wenden, was bisher noch nicht in meinem fahrerischen Repertoire vorhanden war. Aber mit dem Einsatz beider Beine schob ich den Roller in die richtige Position und fuhr los. Ganz locker und cool. Zwei Minuten später, ich fuhr eine vierspurige Straße aus Wuppertal heraus, sträubten sich mir die Na-

ckenhaare. Mir fiel ein, dass ich auf dem Zubringer zur Autobahn 46 war. Nachmittags! Um fünf! Um diese Zeit ist die A46 Dauergast im Verkehrsfunk, Stop und Go waren angesagt.
Ich erinnerte mich an die Statistik, dass die wenigsten Unfälle mit Motorrädern auf der Autobahn passieren. Und tatsächlich, eingeklemmt zwischen zwei Trucks bummelte ich mit 70 km/h in Richtung Heimat. Selbst der einsetzende Regen konnte mich nicht erschüttern, ich saß ja prima geschützt hinter einer hohen Scheibe.
Als meine Frau abends nach Hause kam, fand sie mich völlig erschöpft und tief schlafend auf dem Sofa liegend vor.

Entwicklungspotenzial

In den nächsten Tagen fing ich an, langsam zu verstehen, was an dieser mir bisher unbekannten Art der Fortbewegung so faszinierend ist. Es stellte sich ein nie gekanntes Gefühl ein, das sicherlich auch vom eigenen Charakter und Erwartungen geprägt ist. Die einen lieben die Geschwindigkeit oder die Jagd durch die Kurven, die anderen empfinden eine besondere Art von Freiheit, wenn sie durch die Landschaft touren. Bei mir kamen einige Faktoren zusammen. Einmal war ich befriedigt, mit 65 Jahren noch einmal eine große Herausforderung angenommen und gemeistert zu haben. Zusätzlich faszinierte mich noch die Möglichkeit, Sport und Bewegung auf ganz neue Weise zu erfahren. Später kam dann noch die Freude an gemeinsamem Fahrten mit meiner Frau dazu.
Diese Gefühle stellten sich aber nicht sofort ein, sondern wuchsen von Tag zu Tag, von Fahrerlebnis zu Fahrerlebnis. Im gleichen Maße nahm die Unsicherheit beim Fahren ab.
Abgesehen davon, dass ich bei Wind und Wetter morgens mit meinem Roller zum Dienst fuhr, fing ich an, kleine Touren zu planen. Die erste längere Tour ging in die Eifel und ins Ahrtal. Die Nacht vor dieser Fahrt habe ich kaum geschlafen und schon im ersten Morgengrauen gegen fünf Uhr saß ich hinter dem Lenker. Die Sonne schien und auf den Straßen war wenig los. In Bad Münstereifel, einem wunderschönen Städt-

chen in der Eifel, frühstückte ich. Ab und zu schaute ich in die Sonnenbrille des berühmten deutschen Barden »Heino«, der bekanntlich hier seine Zelte aufgeschlagen hat. Er saß zwei Tische weiter und schaute immer wieder zu meinem Roller. Ob er darüber nachdachte, einfach mal draufzusteigen und loszufahren?

Abends spät kam ich völlig geschafft, aber glücklich zurück. Wenn ich noch irgendwelche Zweifel an meiner Rollerei gehabt hätte, wären diese jetzt vorbei gewesen.

In meiner Nachbarschaft hatte man sehr genau bemerkt, dass ich auf Abwegen war. Bemerkungen wie »musst du dir noch was beweisen···?« oder »alt werden ist nicht so leicht oder?«, kamen von besorgten Nachbarinnen, die Angst hatten, dass ihre Ehemänner auch anfangen könnten zu spinnen.

Natürlich bekam ich auch jede Menge Zuspruch. Vor allem von den Männern aus der Nachbarschaft. Viele von denen hatten das Biken drangegeben. Sie betonten aber, dass sie natürlich nur dicke Maschinen gefahren wären, mit mindestens 90 PS.

Die erste Ausfahrt mit meiner Ulrike war der Aufreger schlechthin. Ich hatte davor Angst, ja regelrechte Panik. Jetzt hatte ich ja die Verantwortung für zwei Personen. Außerdem wusste ich überhaupt nicht, wie der Roller mit zwei Personen zu fahren sei. Aus diesem Grund ließ ich mich extra von meinem BMW-Freund Werner beraten, wie man sich mit einer Sozia hinten drauf verhält. Nach dieser kurzen Beratung war ich schlauer. Ich musste nichts beachten, einfach nur fahren.

Meine Frau kam mit ihrem alten Helm und der Kombi aus der Haustür, kletterte auf den Sitz und meinte: »Dann man los!«. Das tat ich, hielt aber einen Moment länger meine Beine in der Albatros-Haltung zur Seite gespreizt, um bei einem Umfaller gewappnet zu sein. Um es kurz zu machen, es klappte wunderbar.

Wer tut so etwas?

»Es kann der Frömmste nicht in Frieden leben, wenn es dem bösen Nachbarn nicht gefällt«, schrieb schon Schiller und

wurde von Millionen von genervten Schülern zitiert, die mit der Lektüre von Wilhelm Tell gequält wurden.
Was das mit meinem niedlichen Roller zu tun hat? Eine ganze Menge, wenn aus dem geschriebenen Wort harte Realität wird. Ich war es ja als Lehrer an einem Berufskolleg gewohnt, dass hin und wieder Schüler beispielsweise in den Toiletten Unsinn machten. Das fing mit der Kokelei durch das Verbrennen von Papierhandtüchern an und hörte bei abgerissenen Waschbecken noch lange nicht auf.
Diese Art des Vandalismus entsteht häufig aus Langeweile und fehlendem Respekt vor dem Eigentum anderer. Meistens betrifft es ja einen selbst nicht, und man spricht dann von »hast du gehört, dem und dem ist das passiert«. Nach einer kleinen Entrüstung und der Forderung nach härteren Strafen, geht man dann zur Tagesordnung über.
Betrifft es einen selbst, stellen sich ganz andere Gefühle ein, die zwischen Wut, Hilflosigkeit und Empörung liegen.
Mein Parkplatz, auf dem meine geliebte Pantheon abends parkte, ist etwas abseits von der Straße gelegen. Man muss also über mein Grundstück gehen, um zu meinem Roller zu gelangen. An warmen Sommertagen und Sommernächten habe ich dann ab und zu versäumt, die Plane über den Roller zu packen, da ich morgens meist sehr früh los wollte.
An einem Samstagmorgen fragt mich meine Frau aufgeregt, ob ich mir die Pantheon mal angeschaut hätte. Ich rannte sofort hinaus und blieb geschockt stehen. Irgendjemand hatte mit einem Teppichmesser die Sitze fein säuberlich aufgeschlitzt. Fassungslos schlich ich um meine Pantheon und konnte nicht fassen, was ich sehen musste. Hilflos drehte ich mich um, schaute meine Ulrike an und stammelte: »Wer tut denn so etwas? Wer hat denn Spaß daran, so einem schönen Roller mit dem Messer zuzusetzen?« Ich war richtig fertig und meine Frau musste mich trösten.
Es mussten wohl Jugendliche gewesen sein, die in Sommernächten häufig auf dem Bolzplatz nebenan ihre Sitzungen abhielten. Vielleicht haben sie dann alkoholisiert ihr Mütchen an meinem schönen Roller gekühlt.
Als ich die Polizei informierte, und eine Streife erschien, um die Anzeige aufzunehmen, erfuhr ich, dass ich noch glimpf-

lich davon gekommen war. Mehr als 20 Pkws waren in meiner Straße völlig zerkratzt worden. Zum Teil waren Hakenkreuze und Naziparolen eingeritzt worden.

Als ich dann meinen Wagen näher in Augenschein nahm, bei der Aufregung um meine Pantheon hatte ich überhaupt nicht daran gedacht, sah ich ebenfalls zwei lange Streifen, die mit dem Teppichmesser eingeritzt worden waren.

Die Lokalpresse brachte einen langen Artikel darüber, danach war wieder Ruhe.

Mit Klebeband versuchte ich notdürftig den Sitz zu reparieren. Das brachte überhaupt keinen Erfolg. Die Risse klafften immer wieder auf. Ein Anruf bei einem professionellen Polsterer ernüchterte mich. 150 Euro sollte die Reparatur kosten.

Bevor ich mich einer sommerlichen Depression hingab, suchte ich in eBay nach einen passenden Sitz. Ich hatte Glück, es wurde ein passender Sitz in meiner Nähe angeboten, den ich sehr preisgünstig ersteigern konnte.

Es war nicht das Geld, das mich so störte, sondern diese hilfloses Gefühl, solchen Barbaren ausgeliefert zu sein.

Die Polizei klärte mich bei ihrem Besuch übrigens darüber auf, dass ich dem oder den Tätern Schmerzensgeld hätte zahlen müssen, wenn meine Boxerhündin diese an ihrer Tat gehindert hätte und ihre zarten Zähnchen in ihren bösen Hintern gegraben hätte. Na denn, Prost!

Silberlocke

Es gibt völlig unbedeutende Erlebnisse, die man nie vergisst und die einen ungeheuren Einfluss auf weitere Pläne im Leben haben. Das kann zum Beispiel ein Wutanfall oder eine Trotzreaktion sein, die ich nach dem Abholen der Pantheon auf offener Straße gehabt hatte. Nach dem Motto. »Was die können, kann ich auch« hatte ich mich ja trotz des Frustes in den Verkehr gestürzt und erfolgreich meine erste Fahrt beendet.

Die erste große Tour mit meinen BMW-Freunden ging ins Münsterland. Wenig Verkehr, leicht zu fahren, flache Etappen und zusätzlich Sonnenschein, das waren ideale Bedingungen. Mein Freund Werner benutzte ein Navi, das er so programmiert hatte, dass wir nur kleine Landstraßen fahren konnten. In der Nähe von Haltern gibt es ein wunderschönes Gewässer, genannt Silbersee. An diesem See befindet sich ein sehr bekannter Bikertreff.

Als wir auf den Parkplatz fuhren, blieb mir die Luft weg. Hunderte von Motorrädern stand dort und blitzten und blinkten in der Sonne. Ein Eldorado für jeden Motorradfreak. Staunend ließen Ulrike und ich uns von meinem Freund einige Maschinen näher beschreiben. Es war sehr interessant, und ich freute mich, dass meine Ulrike ebenfalls großes Interesse zeigt. Das hätte mich warnen müssen. Je mehr ich über die betrachteten Motorräder erfuhr, desto intensiver stellte ein »Haben-Haben-Gefühl«, ein. Die Vorstellung, auf so einer Maschine durch die Gegend zu cruisen, erzeugte in mir ein angenehmes Gefühl.

Beim Kaffeetrinken saß ich natürlich so, dass ich das Geschehen auf dem Parkplatz direkt vor Augen hatte. Und dann passierte etwas, was ich nie vergessen werden, und das vor meinem geistigen Auge bis heute wie in einem Video abläuft.

Ein schwarzes großes Motorrad näherte sich und Lack und Chrom glänzten in der Sonne. Darauf saß eine ebenfalls schwarz gekleidete Person. Schwarz waren die Stiefel, die Lederkombi, die Handschuhe und der Helm mit dem dunkel getönten Visier. Ich machte meine Frau und meine Freunde auf die Erscheinung aufmerksam. »Honda Goldwing, sechs Zylinder, über 350 Kilo Gewicht«, meinte Werner zu mir. »Viel mehr Motorrad geht nicht«, fügte er hinzu. Dieser Auftritt des schwarzen Gespanns war nicht nur mir aufgefallen, denn einige Biker, die in Gruppen am Parkplatz standen und diskutierten, liefen auf die schwarze Goldwing zu. Der Fahrer stieg ab und bockte das schwarze Wunderwerk auf. Als er neben dem Motorrad stand, sah ich, dass er gar nicht größer geworden war, als beim Sitzen auf der Maschine. Er war einfach nur winzig und sehr drahtig. Die Gruppe von jungen Männern begrüßten lautstark den Neuankömmling. Und dann sah ich es, als der Helm abgenommen wurde: Es war eine Sie! Nicht größer als eine Parkuhr, schlank und mit silbergrauen, fast weißen Haaren und sonnengebräuntem Gesicht. Diese Frau in Schwarz, umringt von jungen Männern, die sie anscheinend gut kannten, war mindestens 70. Mir blieb die Spucke weg. Sie wog höchstens 50 Kilo und bewegte ein Ungetüm von mehr als 350 Kilo auf zwei Rädern. Unfassbar.

»Was macht dir nur, wenn die Maschine mal umfällt?«, fragte ich Werner. »Die fällt nicht um«, antwortete er, »die fährt garantiert schon seit mindestens 50 Jahren!« Ich muss gestehen, ich wusste nicht, wen ich mehr anstarren sollte, die Fahrerin mit den silbernen Haaren oder das wunderschöne Motorrad. Dass dieses kleine Erlebnis einmal eine große Bedeutung für mich haben würde, konnte ich damals nicht ahnen.

Kapitel 3 - Noch kein richtiges Motorrad

Fast ein Jahr lang war ich glücklich mit meiner 125er Pantheon auf Landstraßen unterwegs. Mit ihr bin ich viele Tausend Kilometer gefahren, selbst bei tiefen Temperaturen im Winter und bei Regen. Der Spaß dabei war dabei immer größer, als die Einschränkungen bei widrigen Wetterverhältnissen. Dieser Spaß wurde auch selten geschmälert, wenn mich permanent andere Biker überholten. Lkws und die meisten Busse hatten dagegen keine Chance gegen mich, was aber nur aus praktischen Gründen für mich wichtig war. Als vernünftiger älterer Mensch machte es mir nichts aus, hinterher zu fahren. So dachte ich. Außerdem gab es ja neben den erwähnten Großfahrzeugen auch noch Roller- oder Fahrradfahrer, die langsamer waren als ich.

Meine Frau schlug mir auf unseren Touren immer Routen vor, die in Richtung Norden gingen, denn da war plattes Land. Im Süden waren die Eifel, das Oberbergische Land und das Sauerland. Diese empfahl sie mir, wenn ich alleine los wollte.

Zu ihrer Ehrenrettung muss ich allerdings sagen, dass sie sich nie beklagte, wenn wir uns hinter den anderen mit 50 einen Berg hinaufquälten und unsere Freunde mit ihren großen Motorrädern auf uns warten mussten. Auf der Landstraße konnten wir ja anschließend wieder mithalten.

Rentner wie ich, die so langsam auf die 70 zugehen, haben in der Regel Probleme mit dem Rücken, als Resultat falscher Sitzpositionen an Schreibtischen oder PC-Konsolen. Das gilt auch für Lendenwirbel- und Schulterbereiche, die auf langen Strecken verhärten und Schmerzen verursachen können. Als ausgesprochen angenehm empfand ich daher die aufrechte Sitzposition hinter dem Lenker, die ein völlig entspanntes Fahren ermöglichte. Ob lange oder kurze Beine, die lange Sitzbank erlaubt immer eine optimale Haltung. Selbst wenn ich sechs oder mehr Stunden unterwegs war, was ja in meinem Alter wahrlich kein Pappenstiel ist, war der Rücken schmerzfrei. Allerdings tat mir dann der Hintern weh.

Trotzdem, langsam wurde ich unzufrieden mit meiner Fahrsituation. Es machte mir wohl doch etwas aus, dass ich in einer

gesetzlich verordneten 125-ccm-Zwangsjacke steckte und dem Roller das Alter doch sehr anzusehen war. Irgendetwas Größeres und Moderneres musste her. Ein Roller, der vielleicht mehr nach Motorrad aussah, auch wenn er noch immer den begrenzten gesetzlichen Bestimmungen entsprach.
Zu meinem »erfreulichen« Leidwesen gingen bei meiner Pantheon einige Teile kaputt. Der Kilometerzähler zeigte nichts mehr an und der Auspuff begann dunkelbraun und laut zu werden. In der Werkstatt prognostizierte man mir einige Hundert Euro Reparatur- bzw. Wartungskosten, da auch der Antriebsriemen und die Bremsbeläge samt Scheiben gewechselt werden mussten.

Etwas mehr Prestige

Zwischenzeitlich hatte ich mich umgesehen und war fündig geworden. Honda bot einen Roller an, der richtig gut und erwachsen aussah. Er nannte sich S-Wing und war eine absolute High-Tech-Entwicklung. Seine Sitze besaßen Klubsessel-Qualitäten und sein Cockpit war gestylt wie in einem Sportwagen. Die Tests waren überragend, insbesondere das Fahrwerk mit ABS bekam höchstes Lob in allen Testzeitschriften. Einziger Nachteil: Das Ding war sauteuer.
Trotzdem! Dieser Roller sollte es sein, um meine Unzufriedenheit mit meiner gebremsten Fahrsituation zu bekämpfen. Doch wie konnte ich meiner Frau diesen ultimativen Roller schmackhaft machen?
Ich begann mir einen Fragen- und Antwortkatalog zusammenzustellen. Hauptpunkte darin waren Fahrkomfort, Sicherheit und Umweltfreundlichkeit. Auf Letzteres bin ich durch einen Artikel in einer Zeitung gekommen. Darin wurde erwähnt, dass ältere Zweitaktroller in Großstädten Frankreichs zukünftig ausgeschlossen werden sollten. Grund: Die Luftverschmutzung in den Städten sollte verringert werden.
Das war der Aufhänger, um ein »harmloses« Gespräch zu beginnen.
Ich zeigte Ulrike den Artikel und kommentierte ihn mit einem

sorgenvollen Gesicht: »Wenn die das in Frankreich machen, dann dauert es nicht lange und in ganz Europa werden die Zweitaktmaschinen in Städten verboten«! Danach murmelte ich leise, dass ich das unheimlich blöd fände und mich darüber ärgern würde. Meine Frau schaute mich misstrauisch von der Seite an. »Und was bedeutet das jetzt für uns?«, fragte sie, »haben wir einen Roller mit Zweitaktmotor?«

Dann begann ich das unterhaltsame Frage- und Antwortspiel. Ja, wir hätten einen Zweitakter und der würde ganz schön die Umwelt verpesten. Sie bräuchte ja nur beim Fahren nach hinten zu schauen, um die blaue Fahne aus dem Auspuff zu sehen. Ulrike konterte, dass sie eigentlich keine Lust hätte, nach hinten zu schauen, denn wir würden ja nach vorn fahren. Außerdem wären wir nicht in Frankreich, und dass mein Roller in Deutschland verboten würde, hätte sie auch noch nicht gelesen. Auch hätte ich bisher noch nicht erzählt, dass ich nach Frankreich wolle. Später erzählte sie mir, dass sie sofort gewusst hätte, warum ich diese Unterhaltung begonnen hätte. Zu oft hätte sie auf dem Monitor das Bild der Honda S-Wing gesehen. Sie ließ mich also zappeln.

Dann zählte ich auf, was alles nicht mehr in Ordnung sei und was an Kosten auf uns zukäme. Die angeblichen Vorteile der neuen Rollergeneration bei Honda lobte ich dagegen überschwänglich. Viertaktmotor, Langstreckenkomfort und ABS, Umweltschutz und Sicherheit sprudelten als Kaufargumente aus mir heraus.

Ulrike schien aber noch nicht überzeugt zu sein. »Aber die Pantheon fährt doch noch ganz gut, oder?«, fragte sie ganz unschuldig. »Klar fährt die noch«, entgegnete ich, »aber wer weiß, wie lange noch. Zum TÜV muss sie auch noch irgendwann, und ob sie das so einfach schaffen würde···. Da bin ich mir nicht sicher!«, orakelte ich gegen besseres Wissen. Jetzt würden wir auch noch anständig was dafür bekommen.

Ich bot ihr an, einmal ganz unverbindlich zu unserem geliebten Hondahändler zu fahren. Wir könnten dort eine Sitzprobe auf dem Roller machen. Jetzt stand alles auf des Messers Schneide. Denn wenn sie zusagte, hatte ich schon fast gewonnen. Auf den Fotos, die ich »zufällig« auf der Honda-Webseite fand, war die S-Wing ausgesprochen attraktiv abgebildet. Ihr

Gesäß würde schon eine Entscheidung in meinem Sinne treffen.
Sie nickte, ich hatte fast gewonnen.

Schritt in die falsche Richtung

Im Frühjahr standen wir wieder bei unserem Motorradhändler auf der Matte. Selbstverständlich hatte ich schon vor diesem entscheidenden Gespräch mit meiner Frau Angebote für den Kauf des neuen Rollers eingeholt und den Wert meines alten Rollers im Internet gecheckt.
In einem kurzen Telefonat hatte ich Sebastian mitgeteilt, dass wir uns einmal unverbindlich die neue S-Wing anschauen wollten. Als wir die Verkaufshalle betraten, hatte sie ihren Auftritt. Angeleuchtet von zwei starken Strahlern stand sie schwarz und glänzend in der Mitte der Halle auf einem kleinen Podest vor uns. Sie sah einfach klasse aus, obwohl das Ganze ein wenig dick aufgetragen war. Ulrike tat so, als ob sie diese Inszenierung nicht wahrnehmen würde.
Sie war aber beeindruckt vom ganzen Erscheinungsbild der S-Wing, das war nicht zu übersehen. »Gefällt mir«, war ihr erster Kommentar und dann kletterte sie erst auf das Podest und dann auf den Sitz. »Bequem«, sagte sie lächelnd und stieg wieder ab. »Und jetzt?«, fuhr sie fort, »und jetzt willst du doch den Kauf festmachen, oder?« Dabei zwinkerte sie lächelnd Sebastian zu. Ich merkte, sie hatte mich schon wieder durchschaut. Das ganze Theater hätte ich mir sparen können. Ich begann mich zu fragen, ob sie auch im sonstigen Leben mit mir so einen Durchblick hatte.
Drei Tage später holte ich das glänzende Stück ab. Schon nach wenigen Kilometern entpuppte sich der Roller als Sänfte. Weich gefedert, noch weicher gepolstert und sehr leise schnurrte er vor sich hin. Die Lichtorgel inklusive Bordcomputer unter der großen Scheibe signalisierte mir, dass ich es hier mit einem erwachsenen Zweirad zu tun hatte. Modern, digital und umfassend wurde ich über alle Abläufe in und um die Maschine herum informiert. In den folgenden Tagen ließ

Schöner Roller – aber immer noch kein Motorrad..

ich ersten 500 Kilometer langsam angehen, um den Motor einzufahren. Die ersten kleine Touren mit Ulrike waren ein voller Erfolg. Alles passte. Dann begann ich mehr und mehr den Gashahn aufzudrehen.

Am ersten richtigen Berg kam die Enttäuschung. Dem Roller fehlte es an Power, er lahmte und war nicht annähernd so spritzig, wie meine alte Pantheon. Zuerst dachte ich, ich würde einen Schlitten als Anhänger ziehen, so langsam kam der Roller an Steigungen auf Touren. Wo ich Tage zuvor noch mit 100 km/h den Hügel hinauffuhr, kam ich nicht über 80. Sicher musste der Motor eingefahren werden, bevor er richtig loslegt, redete ich mir ein. Ich war aber wild entschlossen, diesen kleinen Nachteil noch nicht zu ernst zunehmen, da mir alle anderen neuen Features der Maschine ausnehmend gut gefielen.
In den einschlägigen Foren im Internet konnte ich nachlesen, dass mein Gefühl mich nicht getäuscht hatte. Die S-Wing war naturgemäß langsamer, auch wenn sie die gleiche PS-

Zahl aufweisen konnte wie die alte Pantheon. Was ich nicht wusste: Viertakter sind bei gleicher PS-Zahl prinzipiell Zweitaktern unterlegen. Auf die kostenpflichtigen Angebote, den Motor auf 18 PS hoch zu trimmen, wollte ich auf keinen Fall eingehen. Das war mir zu gefährlich, da das illegal war, und ich meine Betriebserlaubnis verlieren würde, wenn ich erwischt würde.
Jetzt musste ich lernen, damit umzugehen. Mein Sohn, der durch seine BMW völlig verdorben war, machte es mir nicht leichter. Er lies nicht locker, mir in den Ohren zu liegen. Er wollte einfach nicht aufgeben, mich zu einem Motorrad-Führerschein und dem daraus folgenden richtigen Motorrad zu überreden.

Was ist das Besondere an zwei Rädern?

Erinnern Sie sich an die alte Malboro-Reklame vor dem Hauptfilm im Kino? Ein kerniger Typ, braun gebrannt mit wettergegerbten Gesicht, sitzt auf seinem Pferd und beobachtet eine Herde Longhorns. Dann brettert er los und rettet ein Kalb, das sich verlaufen hatte und das ohne diesen Held jämmerlich zugrunde gehen würde. Mit diesem quer über den Sattel platziert, reitet er über Erdspalten und Abhänge bis zu dem Lagerfeuer, wo seine Mit-Cowboys bereits warten. Eine Blechtasse mit schwarzem Kaffee und ein Glimmstängel sind die Belohnung für diesen wunderbaren Tag, an dem er nur Gutes getan hat. Er ist frei, ungebunden und natürlich erfolgreich. Und deshalb raucht er Malboro, weil die einfach dazugehört, und aus einem Mann einen Helden macht. Per Lungenzug die Welt erobern, welch ein Gefühl.
Dass der gute Mann mal an Lungenkrebs sterben würde, hat damals niemand gewusst, höchstens geahnt.
Was hat diese Werbung mit dem Fahren auf zwei motorbetriebenen Rädern zu tun?
Da es heute nahezu unmöglich ist, auf vier Pferdebeinen dem Sonnenuntergang entgegen zu reiten, ist man halt auf Motorräder umgestiegen. Nur mit der Malboro gibt es da Pro-

bleme, da diese für ein sehr schlechtes Klima unter dem Visier eines Helmes sorgen würde. Von der schlechten Sicht will ich gar nicht reden.
Fragen Sie 100 Motorradfahrer, was das Besondere an der Art ihrer Fortbewegung ist, dann bekommen sie 100 unterschiedliche Antworten. Auf die niedrigeren Kosten für den Unterhalt, als beim Auto oder leichteres Finden von Parkplätzen will ich hier nicht eingehen. Das sind banale Gründe und sind in meinen Augen auch nicht ehrlich. Filtern sie allerdings andere Gründe heraus, werden Sie immer den Begriff »Freiheit« eingepackt in weiteren individuellen und emotionalen Begründungen finden. Ebenso taucht immer wieder der Hinweis auf einen Kindheitstraum auf, der schon mit acht Jahren bei vielen Motorradfahrern den Wunsch nach einem Motorrad erweckte.
Was hat das aber mit Freiheit zu tun, wenn ich mich auf asphaltierten Straßen mit 30 bis 50 km/h oder mehr durch den täglichen Verkehr bewege und mich auch größerer Gefahr als beim Auto aussetze? Erst einmal gar nichts, wenn man die Maßstäbe eines eingefleischten Autofahrers anlegt.
Dieser vertauscht das Wohnzimmer mit einem weiteren »Fahr-Zimmer«. Er schließt die Haustüre und öffnet die Autotür. Danach ist er von Fenstern umgeben, die ihn wie in seiner Wohnung vom Rest der Welt abschirmen, es sei denn, man sitzt in einem Cabrio. Unter Abschirmen verstehe ich auch, dass Geräusche gefiltert werden, Gerüche, Temperaturen und Blickfelder genau dosiert werden. Das gilt übrigens auch für das Fahren mit öffentlichen Verkehrsmitteln.
Nachdem ich mit den ersten Geburtswehen in Sachen Rollerfahren fertig geworden war, stellte sich bei mir auf meinen kleinen und großen Touren ein Gefühl ein, das ich nach über 40 Jahren Autofahrens bisher noch nicht kannte. Ich ließ im wahrsten Sinne des Wortes den Alltag hinter mir. Fahren war viel mehr als lenken und bewegen, man wurde zum Teil des Motorrades. Das Einlenken in Kurven mit Schräglage, das Ausweichen von Hindernissen geschah mit Körpereinsatz und vermittelte einen Hauch von Abenteuer und Gefahr in der sonst so reglementierten Welt. Die Umgebung teilte sich ungefiltert mit. Windgeräusche, Stimmen, Hupen und das

Motorgeräusch bildeten eine Kulisse, an der man aktiv teilnahm. Daran hat sich bis heute nichts geändert. Dabei ist es auch völlig gleichgültig, ob Sie mit einem kleinen Roller oder mit einer »dicken« Maschine fahren. Selbst als Rentner, der auf die 70 zugeht, kann man sich diesem Gefühl nicht entziehen. Es packt einen einfach. Ich bin mehr und mehr der Überzeugung, dass Motorradfahren eine therapeutische Wirkung im Alter hat. Konzentration, Gleichgewicht und Koordination werden geschult. Und wenn dann noch der Spaß dazu kommt, umso besser.

Wenn Sie im Internet nach guten Gründen für das Motorradfahren suchen, geraten Sie sofort in Foren, in denen auch kontrovers diskutiert wird. Übrigens nehmen daran auch immer mehr Frauen teil! Stellvertretend für eine große Zahl der Motorradgemeinde steht folgender Beitrag eines Schweizer Bikers:

Motorradfahren ist für mich ein genialer Ausgleich zum Arbeitsalltag.

Wenn ich auf meinem Töff sitze, vergesse ich alle meine Sorgen und konzentriere mich nur noch auf das Motorrad, die Straße und mich. Es ist aber natürlich auch der Kick, den mir die Beschleunigung und das Tempo geben. Aber am meisten gefällt mir das Kurvenfahren. Es ist ein unglaubliches Feeling, wenn man sich in die Kurven reinlegen kann und die ganzen Kräfte auf das Motorrad und Körper wirken. Es ist ein ständiger Kampf zwischen innerem Schweinehund und mir selbst. Was mich besonders fesselt am Motorrad ist die Möglichkeit, während der Fahrt Lastenwechsel vorzunehmen, das kann man sonst in fast keinem anderen Fahrzeug. Man ist wie ein Bordingenieur der bestimmt, wo das Gewicht liegen soll. Mir gefällt das Feinmotorische am Motorradfahren. Genau die richtige Dossierung finden beim Bremsen in die Kurve und beim Beschleunigen aus einer Kurve.

Alles rundum, das Motorrad ist ebenfalls eine spannende Sache. Nur ein paar Themen: Reifenwahl, Kleidung, Reparaturen, Waschmittel, Streckenwahl. Wenn nach einem ganzen Samstag Arbeit, das Motorrad funkelnd vor mir steht, schlägt auch mein Herz höher.

Als Rentner sehe ich diese Begründung aus Altersgründen

natürlich mit einer gewissen Distanz, obwohl ich sie verstehe und nachvollziehen kann. Mein Gefühl von Freiheit und Entspannung stellt sich eher beim Touren ein, insbesondere wenn meine Sozia dabei ist. Ich muss also mit meinen Fußrasten nicht den Asphalt in Kurven ankratzen, eine leichte Schräglage tut es auch.
Wie sagte mein Sohn: Biken ist geil! Dem kann ich nur zustimmen.

Die linke Hand zum Gruß

»Moin«, »Tach« oder einfach nur »guten Morgen« sind Grußformen, die jeder versteht und in der Regel auch erwidert. Ob in der Kneipe am Stammtisch, beim Nachhausekommen oder beim Sichten eines Bekannten auf der anderen Straßenseite, es wird gegrüßt und der Gruß kommt zurück. Verweigert jemand den Gruß, dann empfindet man das als Missachtung. Noch schlimmer ist es, wenn man die Hand ausstreckt und der Gegenüber lässt diese Hand unbeachtet in der Luft stehen.
Was hat das nur mit dem Motorradfahren zu tun?
Eine Menge. Grüßen ist bei Motorradfahrern eine sakrale Handlung und unterliegt strengsten hierarchischen Etiketten. Wenn Sie sich neu in einem Forum registrieren, und Sie werden durch Mitglieder darin begrüßt, so lesen Sie häufig die Floskel »die linke Hand zum Gruße«. Das muss man aber erst einmal verstehen. Ich empfehle Ihnen, einmal in google.de den Suchbegriff »Bikergruß« oder »Motorradgruß Regeln« einzugeben. Danach wissen Sie, wie wichtig dieses Thema ist. Hunderte von Beiträgen zeigen, dass das Gefühl, auf der Straße als Mitglied einer Community wahrgenommen und akzeptiert zu werden, sehr weit verbreitet ist.
Als Rollerfahrer, also als Mitglied der untersten Bikerkaste, den Roller-Parias, kennen Sie das Grüßen nur vom Sehen her. Sie selbst bleiben leider davon ausgeschlossen. Daher freuen Sie sich wie ein Schneekönig, wenn Ihnen ein größerer Roller entgegenkommt. Endlich wird man ernst genommen.

Als ich die ersten Touren unternahm, fuhr ich ab und zu hinter einer Gruppe von Bikern her. Vom Grüßen hatte ich keine Ahnung. Wenn dann im Gegenverkehr ebenfalls Biker auftauchten, wurden diese durch das Herausstrecken der linken Hand gegrüßt. Natürlich habe ich mich auch angesprochen gefühlt und habe auch zurückgegrüßt. Da ich mich ja hinter einer Gruppe »normaler« Verkehrsteilnehmer befand, bezog ich die Grüße der Entgegenkommenden auch auf mich. Das erfreute mich, war aber grundlegend falsch.

Wenn ich allein unterwegs war, änderte sich das schlagartig. Fröhlich streckte ich meinen linken Arm heraus, wenn mir ein Motorrad entgegenkam. Und··· nichts passierte. Ich wurde nicht beachtet. Später hatte ich ab und zu doch Erfolg, weil meine neue S-Wing von vorn sehr erwachsen aussah und man mich versehentlich als normalen Biker einordnete. Wenn dieser schreckliche Fehler dann aber beim Näherkommen erkannt wurde, verschwand die Hand und der Fahrer zupfte an seiner Kombi herum. Er wollte damit demonstrieren, dass er die Hand nur zur Seite genommen hatte, um seine Kleidung zu richten. Grüßen? Mich? Niemals!

Es gibt viele verschiedene Grußarten. Am verbreitetsten ist die eben erwähnte linke Hand. Die kann auch gefahrlos rausgestreckt und bis zur Schulter hochgehalten werden, da ja mit rechts Gas gegeben wird. Ist die linke Hand irgendwie mit der Kupplung beschäftigt, kann auch mit dem Helm genickt werden. Genau hinschauen muss man schon, wenn man nur die Hand ein wenig öffnet, und die Finger – in der Regel zwei - spreizt, ohne den Kontakt zum Lenker zu lösen.

Überholen Biker eine Gruppe von Bikern, spreizen sie nach dem Überholvorgang das rechte Bein wie ein Albatros bei der Landung zum Gruße ab. Es hat eine Weile gedauert, bis ich diesen Gruß richtig eingeordnet hatte. Mein Boxerrüde machte übrigens am Baum die gleiche Bewegung.

Kleines Grußseminar

Glauben Sie mir, es dauert lange, bis Sie die Grußregeln auf deutschen Straßen verstanden haben. In den südlichen Ländern wie Spanien ist das Grüßen nicht so wichtig, da alle Fahrer so sehr mit Kuppeln, Bremsen und Beschleunigen beschäftigt sind, dass Grüßen meist entfällt. Rundenzeiten sind da wichtiger.

Eine kleine, nicht ganz ernst gemeinte Aufstellung der Grußregeln soll Ihnen weiterhelfen und Frust ersparen, wenn Sie sich entschlossen haben, als Einsteiger am Bikerleben teilzunehmen. Ich habe diese Weisheiten aus den verschiedenen Motorradforen zusammengestellt. Da sich die Text alle sehr ähneln, hat es keinen Zweck, wenn ich versuche, irgendwelche Textquellen anzugeben.

Der Gruß an sich

Der Motorradfahrergruß macht deutlich, dass man einen entgegenkommenden Motorradfahrer bemerkt und respektiert. Zu diesem Zwecke erlaubt sind das Heben der Kupplungshand bis maximal Schulterhöhe oder das Abspreizen von mindestens zwei Fingern der linken Hand vom Lenkergriff. Grüßen mit der rechten Hand wird in der Regel als uncool angesehen (man müsste ja vom Gas). Im Notfall, wenn die Kupplungshand z. B. mit Kuppeln beschäftigt ist, ist auch ein deutliches Nicken mit dem Kopf erlaubt.

Fahrtechnisch problematisch wird das Grüßen beim Überholen. Die klassische Grußhand, die Linke, wird vom Überholten nicht gesehen. Grüßt man mit der Linken vorn am Körper vorbei nach rechts, tippen Autofahrer auf Heuschreckenschwärme oder Unterarmkrampf. Motorradfahrer mit Auslandserfahrung wenden daher in dieser Situation die mediterrane Variante an: Spanische, italienische und französische Motorradfahrer sind immer irgendwie mit Gas geben, Kuppeln, Schalten oder ihrer Sozia beschäftigt, sodass sie durch Abspreizen des rechten Beins grüßen.

Das Auf- und Abbewegen der waagerecht ausgestreckten Hand ist nicht als Gruß zu verstehen, sondern als Warnung z.B. vor Öl, Hindernissen oder Schnittlauch (Laub) auf der

Fahrbahn.

Der verbotene Gruß

Das Motorradgrüßen ist stark reglementiert und wird von Anfängern zu Recht als sehr kompliziert angesehen. Es ist umlagert von allerlei Ge-und Verboten. Das bekannteste Verbot lautet: Grüße nie ein

Einspurfahrzeug, das weniger als 200 ccm Hubraum hat. So etwas ist kein Motorrad! Wer fahrlässig Motorroller, Klein - oder Leichtkrafträder grüßt, verliert sein Gesicht und jegliche Selbstachtung.

Ein Spezialfall sind Oldtimer. Diese werden grundsätzlich freudig und bewundernd gegrüßt, unabhängig vom Hubraum. Oldtimer werden meist von technisch versierten älteren Fahrern gefahren, sogenannten »alten Schraubern«. Solchen wird Respekt gezollt. Trifft man alte Schrauber, wartet man, ob sie grüßen. Von Frühling bis Herbst grüßen viele nicht, weil sie Winterfahrer sind - Winterfahrer grüßen keine Weicheier.

Ein sehr ernstes Problem in Bezug auf das korrekte Grüßen stellen Motorroller mit Hubräumen von 250 ccm und mehr dar. Diese sind aufgrund ihrer Größe von vorne selbst von geübten Augen kaum noch von echten Motorrädern zu unterscheiden. Das traf auch auf meine S-Wing von Honda zu, obwohl diese nur 125 ccm besaß. Erst im Vorbeifahren erkennt man seinen Fehler, aber dann ist es zu spät. Dies konfrontiert den echten Motorradfahrer mit einem fast unlösbaren Dilemma: Die Verletzung der Regel Nummer Eins ist unter keinen Umständen zu riskieren. Grüßt man ein grußberechtigtes Fahrzeug jedoch nicht, ist man ein arroganter Sack ohne jegliche soziale Kompetenz. Konzentriert man sich zu stark auf das entgegenkommende Fahrzeug, um es sicher zu identifizieren, läuft man Gefahr, die nächste Kurve zu verpassen und - dann allerdings korrekt grüßend - in die Leitplanke zu klatschen. Eine Lösung dieses Problems ist nicht in Sicht, da sich das bekannte Kartell aus Regierung und Industrie weigert, ein Identifizierungssystem, ähnlich der Freund-Feind-Kennung von Militärflugzeugen, als Serienpflichtausstattung für Motorroller vorzuschreiben.

Wer grüßt sonst nicht? Harley-Fahrer grüßen sich nur untereinander. Es gibt eine Menge Witze darüber, weil diese am

Lenker viel zu beschäftigt sind. BMW-Fahrer grüßen nur ab und zu, wenn sie gute Laune haben.
Was habe ich aus diesen Reglementierungen gelernt? Nichts! Ich grüße jeden ab Fahrrad aufwärts, wenn er anzeigt, dass er mich sieht. Fertig! Das hat etwas mit Altersweisheit zu tun. Die Scham habe ich übrigens inzwischen überwunden und komme auch mit der Schande ganz gut klar.

müssen den Tod nicht fürchten.
Als ich mich im Internet zum Thema Bikertreffs informieren wollte, wurde ich arg enttäuscht. Es gibt keine Definition für diese Orte, sondern nur unzählige Hinweise auf deren Existenz. Häufig sind es zufällige Orte (das kann eine Pommes-Bude an einer Talsperre im Sauerland sein oder eine alte Kneipe in irgendeinem abgelegenen Tal in der Eifel), die sich über die Jahre zu festen Anlaufpunkten für Motorradfahrern entwickelt haben. Verbunden mit diesen Plätzen findet man hin und wieder preiswerte Bikerhotels oder Bikerrestaurants. Über diese kann man sich in einschlägigen Zeitschriften informieren.
Bleibenden Eindruck hatte mein erster Besuch eines Bikertreffs in der Nähe von Haltern hinterlassen. Nicht zuletzt wegen der kleinen weißhaarigen Bikerin mit der edlen Honda Goldwing, die mich nachhaltig beeindruckt hatte. Damals hatte ich mir vorgenommen, in meiner näheren Umgebung nach solchen Treffpunkten zu suchen.

Mehr durch Zufall fand ich den Bikertreff am Baldeneysee. An einem sonnigen Samstagnachmittag wollte ich eine Tour rund um den besagten Baldeneysee machen und verfranzte mich. Da ich noch zu der Generation gehöre, die etwas mit Karten und Himmelrichtungen anfangen können, suchte ich auf gut Glück einen markanten Punkt am See, um den dann in meiner Tourenkarte zu finden. Irgendwie gelangte ich über kleine Nebenstraßen durch einen kleinen Wald in eines der Naherholungsgebiete, das an den See grenzte. Eine Schiffsanlegestelle für Ausflügler, ein Restaurant hinter einer Mauer und zwei große Pommesbuden grenzten einen großen Parkplatz ein. Das war an diesem See nichts Ungewöhnliches. Aber der Parkplatz hatte es in sich, denn dort war die Hölle los. Unzählige Motorräder parkten ordentlich nebeneinander wie Hühner auf der Leiter. Lose Gruppen von Bikerinnen und Bikern in Motorradkluft standen zusammen, diskutierten und unterhielten sich. Dazwischen tobten sich Jogger oder Skateboarder aus, die entlang der Seeuferstraße ihren Sport betrieben. Hier pulsierte das Leben.
Mein »mickriger« Roller passte überhaupt nicht in die Park-Hi-

Typischer Bikertreff.

erarchie. Also stellte ich ihn bescheiden etwas abseits an den Straßenrand und verstaute meinen Helm im Topcase. Meiner Kleidung sah man auf jeden Fall nicht an, was ich für einen Untersatz fuhr. Bei späteren Besuchen habe ich das dann sein gelassen, da es den Motorradfahrern völlig egal war, auf welchem Typ Sitzbank ich meinen Hintern quälte.

Als ich den ersten Rundgang machte und das Treiben auf mich einwirken ließ, kam ich aus dem Staunen nicht mehr heraus. Es blitzten die Maschinen im Sonnenlicht. Chrom und Lack blinkten in allen Farben. Alte Maschinen aus den 50er Jahren oder älter, standen blank geputzt und frisch renoviert neben sogenannten Racern, die aussahen, als ob sie gerade vom Grand Prix gekommen wären. Dazwischen machten sich dicke Touringmaschinen und Dreiräder, sogenannte Trikes, breit. Die Besitzer fachsimpelten angeregt mit Kollegen, während sie ihre Motorräder gegenseitig inspizierten. Es fehlten nur noch Hebebühnen, um die Zweiräder auch von unten in Augenschein zu nehmen. Das waren also die berühmten Benzingespräche, fuhr es mir durch den Kopf. Ich war bereit,

mich mit Wissen über Motorräder betanken zu lassen.
Der lange verborgene Motorrad-Virus in mir hatte sich prächtig entwickelt und beschloss spontan, jetzt sofort auszubrechen. Der Wunsch, ein richtiges Motorrad zu fahren, kam in mir hoch. Mit Macht! Was ich damals nicht wusste, die Viren waren gegenüber Vernunftsantibiotika resistent und würden gewinnen.
Langsam ging ich durch die Reihen und saugte den Anblick der wunderschönen Maschinen in mich ein. Der Eindruck verstärkte sich, da ich die Maschinen nur aus Fotos oder dem Internet kannte, in der Realität aber selten zu Gesicht bekam. Allerdings gefielen mir damals schon die voluminösen Reisemaschinen, genannt Tourer, am besten. Zwei Koffer an der Seite und einer hinterm Rücksitz, vorn eine mächtige Schutzscheibe, das sah nach Stauraum für Urlaubsgepäck und langen Touren aus.
Ich nahm meinen Mut zusammen und steuerte einen älteren Fahrer an, der neben seiner Harley-Davidson stand und eine Selbstgedrehte rauchte. Er hatte Cowboystiefel an, eine Lederhose mit Fransen an den Nähten, die den gut gepflegten Bauch mit einem dicken Gürtel umschloss. Dazu trug er eine offene uralte, speckige Lederjacke mit der Aufschrift »Biker können's besser«. Am Hals trug er eine lange silberne Kette und an den Handgelenken war er tätowiert. Ein dicker silberner Ring zog sein Ohrläppchen in die Tiefe. Er sah verwegen aus, aber nicht gefährlich. Später stellte sich heraus, dass er in der Jugendarbeit in einer größeren Stadt im Ruhrgebiet tätig war.
Ich schaute ihn an und räusperte mich. Keine Reaktion. Dann räusperte ich mich noch einmal. Er schaute cool und uninteressiert an mir vorbei.
Ich nahm einen neuen Anlauf. Er solle mir doch mal etwas über sein schönes Motorrad erzählen, wobei ich die Betonung auf »schön« legte, um ihm ein wenig zu schmeicheln. Zuerst spuckte er die Tabakkrümel links und rechts an mir vorbei. Dann entfernte er den hervorquellenden Tabak aus bereits feuchtem Tabakpapier und zog an dem Glimmstängel, inhalierte den Rauch tief ein und pustete die Wolke in meine

Richtung. Während er mich gleichgültig musterte, öffnete er seinen Mund. Es war, als ob er einen Wasserhahn geöffnet hätte. Ein Wortschwall gespickt mit Informationen ergoss sich über mich. Wie alt das Motorrad sei, wie viel Leistung es hätte, Vorzüge (Nachteile gab es nicht) und gefahrene Kilometer bekam ich genau aufgelistet. Er war glücklich, sich mir mitteilen zu können. Wenn Benzingespräche in der Regel mit bestimmten Ritualen begonnen werden, musste ich diese noch lernen.

Ich hatte Glück, denn er verstand eine Menge von Motorrädern. Leider verstand ich dagegen weniger als die Hälfte seiner Ausführungen. Nun ja, eigentlich begriff ich nichts, obwohl ich begeistert nickte, so als ob ich jetzt endlich die Offenbarung meines Lebens hören würde. Es kamen einfach zu viele technische Begriffe in seiner Redeflut vor. Trockenkupplung, Kardanantrieb oder spezielle Federbeine waren Böhmische Dörfer für mich. Tapfer hörte ich bis zum Ende zu und ließ ab und zu ein »ach so« oder »booooah« einfließen. Ich nahm mir vor, mich sofort dem Studium allgemeiner Motorradtechnik hinzugeben.

Verlegen erzähle ich ihm in einer Sprechpause, er musste ja ab und zu an seiner Zigarette ziehen und Krümel spucken, dass ich noch Roller fahre, aber großes Interesse an einem richtigen Motorrad hätte. Das schien ihn nicht zu beeindrucken, weder negativ noch positiv. Das wäre überhaupt kein Problem, einige Bekannte von seinen Kumpels hätten auch erst vor Kurzem den Führerschein gemacht und wären total glücklich mit ihren neuen Bikes. Die wären auch schon über 40. Ich war sicher, er wollte mich nicht auf den Arm nehmen. Dann holte er wieder tief Luft und erzählte mir von seinen Touren vom Nordkap bis nach Sizilien. Wie viel Bikerlatein darin steckte, konnte ich als »Grünschnabel« nicht beurteilen. Aber die Art und Weise, wie er mir begeistert von seinen Motorradreisen erzählte, machte mir klar, dass seine Leidenschaft auch noch nach zig Jahren in keiner Weise erloschen war. Er war einfach ein netter Motorrad-Mensch, auch wenn er wie Räuber Hotzenplotz aussah. Als ich mich bedankte und verabschiedete, lächelte er sogar. Mal sehen, ob ich beim nächsten Mal den Ritterschlag bekommen würde.

neben ihren Ehemann setzen, ist immer etwas im Busch. Und wenn sie es dann auch noch schweigend tun, dann ist richtig was los im Oberstübchen. So etwas weiß Mann nach vielen Jahren der Zweisamkeit.

Sie begann ganz harmlos zu fragen. »Sag mal Udo, was wünscht du dir eigentlich zum Geburtstag?«, murmelte sie leise im Flüsterton. Bis zu meinem Geburtstag waren es noch mindestens zwei Monate hin. Es war mir also völlig egal, was an diesem blöden Tag los war. Außerdem wurde ich nicht gern daran erinnert, dass ich 67 wurde.

Ich grunzte schläfrig mit geschlossenen Augen: »N' Paar Socken oder ne Krawatte«, und sah mit diesem konstruktiven Vorschlag meinen Geburtstag erst einmal als erledigt an.

Nun, wer schon länger in einer Beziehung lebt, weiß, wie hartnäckig Frauen fragen können, ohne direkt auf den Punkt zu kommen. Da muss das Thema erst einmal bereitet, umkreist und argumentativ wasserfest gemacht werden.

»Nee, mal ehrlich Udo. Hast du eigentlich keinen richtigen Wunsch? Was hättest du denn gerne? Worüber würdest du dich ganz dolle freuen?«, ging es scheinheilig weiter. Soweit mir die Sonne und die daraus resultierende Faulheit Hirnaktivitäten erlaubten, dachte ich mit all der mir zur Verfügung stehenden Energie über diese äußerst präzise gestellte Frage nach. Klamotten interessierten mich wenig, zu Essen und Trinken hatte ich genug im Keller und auf ein Konzert oder Musical zu gehen, hatte ich null Bock. »Vielleicht ein Wellness-Wochenende im nächsten Jahr«, beendete ich das Thema mit einem genialen Geistesblitz. Nächstes Jahr war ja noch unendlich weit hin.

»Ich hab mir aber was überlegt«, fuhr sie fort und legte die Hand auf meine Schulter. Ich zuckte zusammen. Die Worte »aber« und »was« elektrisierten mich. Das waren dehnbare Begriffe, die unter Umständen den Finanzplan unseres Haushaltes substanziell betreffen würden. Die Hand auf meiner Schulter signalisierte mir, dass jetzt eine sogenannte Kernaussage folgen würde, der ich mich wohl mit voller Geisteskraft widmen müsste. Ich ließ ein wenig Adrenalin in meine Adern fließen und schaffte es, eine Auge zu öffnen. Dann drehte ich meinen Kopf zu ihr und hob die Schultern an. Wie anstrengend! Da saß sie nun und strahlte mich an. Oh je, an ihrem lachenden Gesicht merkte ich, dass bereits Entschlüsse gefasst worden waren, denen ich garantiert nichts entgegensetzen konnte. So war das immer beim schwachen Geschlecht.

»Ich habe doch genau gesehen, wie du die Zeitschriften x-mal liest und zerfledderst. Auf deinem PC sieht man nur noch Motorradbilder. Selbst dein Bildschirmschoner ist eine knallig blaue Honda. Weißt du was? Ich schenke dir zum Geburtstag den Motorradführerschein. Was denkst du? Ist das nicht toll?«

Nichts habe ich gedacht. Ich habe das, was ich da gerade gehört hatte, einfach nicht geglaubt. Ob ich zu viel getrunken hatte? Nein ich war noch beim ersten Glas, das konnte es trotz der Hitze nicht sein. Laut ausatmend legte ich mich zurück. Ich wusste nur, ein Nein gab es nicht. Denn der letzte Satz »ist das nicht toll« hatte etwas mit der päpstlichen Unfehlbarkeit zu tun. Dann machte es plötzlich Klick in meinem Kopf, ich ruckte hoch und setzte mich gerade hin. Sie strahlte mich immer noch an, als ob sie im Preisausschreiben gewonnen oder der Bote von Zalando vor der Tür gestanden hätte.

»Wie bitte?«, stammelte ich, »kannst du das noch einmal wiederholen?« Ich hatte mich wohl verhört.

Sie wiederholte Wort für Wort ihren Vorschlag und untermalte ihn mit diesem impertinenten Grinsen. Ich hatte mich nicht verhört. Sie fand ihren Vorschlag toll.

Mit allem hatte ich gerechnet, aber nicht mit dieser schockierenden Aussage. Sie hatte nachgedacht und war zum Schluss gekommen, dass ich eine neue Karriere beginnen sollte. Für mindesten 30 Sekunden hielt ich die Luft an und ließ ihre Worte sacken. dann stieß ich in einem langen Atemzug meine Luft heraus.

»Ich trau mich nicht, wenn ich ehrlich sein soll«, sagte ich lahm in der Gewissheit, dass ich demnächst die Schulbank für die theoretische Fahrprüfung drücken und irgendwelche Fahrschulbikes durch die Gegend bewegen würde.

»Ach Quatsch. Du machst es doch sowieso. Wenn nicht jetzt, dann im nächsten Jahr. Und denk daran«, setze sie überflüssigerweise hinzu, »du wirst auch nicht jünger!« Dabei nickte sie bekräftigend mit dem Kopf, ohne allerdings auf meinen

Bauch oder den faltigen Hals zu schielen.
Nach weiteren 30 Sekunden lauten Schweigens beugte ich mich vor, nahm sie in den Arm und drückte sie fest. Sie merkte, dass ich mich wie ein kleiner Junge freute, und fing aus Rührung an wie wild auf mich einzureden, so als ob sie mich weiter überzeugen müsste. Ich war längst überzeugt und restlos glücklich. Als sie aufhörte zu brabbeln, fing ich an und legte ihr in fünf Minuten dar, was wir alles gemeinsam noch in Europa bewegen würden. Wir, nicht ich allein! Zusammen! Sie hinten, ich vorn. Ein Ziel vor Augen. Herrlich!
Jetzt ging das Elend richtig los.

Kapitel 5 - Kein Rost im Gehirn

Es gibt magische Momente, die in fünf Minuten das Leben verändern können. So ging es mir, als ich meine Frau beim Tanzen kennen lernte, aber auch als ich im Sommer nichts ahnend auf der Terrasse in der Sonne lag und schläfrig die Ruhe mit einem Glas Wein genoss. Innerhalb von fünf Minuten schoss der Adrenalinspiegel bis zum Anschlag unter die Kopfhaut. Und das in einem Alter von fast 67 Jahren.

Dem Glücksgefühl, bald zur richtigen Bikerszene zu gehören, wich doch schnell die Ernüchterung. Fahrschule aussuchen, die Lernfähigkeit wieder herstellen (davor hatte ich mächtig Bammel) und dann zur Schulung anmelden. Auf Anraten meiner Freunde und Kinder musste ich mich dann auch noch um eine ärztliche Tauglichkeitsprüfung kümmern. Mit diesen Aufgaben betrat ich natürlich erst einmal Neuland. Der Weg bis zur kleinen Plastikkarte, auf der das magische »A« stand, war ziemlich weit, wie mir schien.

Mein Hausarzt, der von meinem Sohn als Biker enttarnte Dr. Sorge, wohnte direkt um die Ecke. Von dem wollte ich mich auf jeden Fall untersuchen lassen. Ganz besonders interessierte mich seine Bikerleidenschaft. Bei der Anmeldung in seiner Praxis gab ich am Telefon als Konsultationsgrund „Untersuchung zur Führerscheinprüfung für Motorräder" an. Am anderen Ende des Telefons herrschte einen Moment ganz deutliches Schweigen. Die Mitarbeiterin von Dr. Sorge kannte mich seit vielen Jahren und wusste, dass ich nicht mehr taufrisch war. Dann räusperte sie sich und sagte, dass sie nicht richtig verstanden hätte. Sie genoss diese Situation und wollte mich ein wenig vorführen.

Ich wiederholte brav mein Ansinnen. »Sie wollen tatsächlich mit dem Motorradfahren anfangen«, fragte sie süffisant. Ich sah ihr Grinsen durchs Telefon. »Ja«, antwortete ich ein wenig trotzig, »vor zehn Jahren habe ich den Bootsführerschein gemacht und jetzt den Motorradführerschein. In zehn Jahren mache ich dann die Pilotenlizenz. Dann lasse ich mich wieder untersuchen!« Sie verstand, dass ich keinen Spaß machte, und gab mir einen Termin. Ihr Kopfschütteln konnte ich förmlich

hatten, mussten wohl in Ordnung gewesen sein, denn bisher hatten sie noch kein Chaos auf den Straßen angerichtet. Aus diesen Gründen fragte ich sie erst einmal über ihre ehemaligen Fahrschulen aus. Die Kids meiner Frau bezog ich gleich mit ein, da diese erst frisch die Lizenz fürs Auto ergattert hatten.

Das hätte ich mir sparen können. Die Fahrschule meines Stiefsohnes sollte laut seiner Aussage sehr gut sein. Meine Stieftochter bezeichnete diese aber als einen Crashtempel, wo man nichts lernte. In Wirklichkeit hatte der Fahrlehrer keine Ähnlichkeit mit Brad Pitt oder Orlando Bloom und entsprach deshalb nicht ihrem Anforderungsprofil. Meine älteste Tochter konnte sich an ihre Fahrausbildung gar nicht mehr richtig erinnern. Ich empfand diese Aussage auch als eine Anspielung auf mein nicht mehr ganz jugendliches Alter. Meine zweite Tochter empfahl mir die Schule am Ort, da man zu Fuß in fünf Minuten dahingehen könne. Mein Sohn brachte es auf den Punkt: »Nimm irgendeine, die sind irgendwie alle gleich. Außerdem schaffst du es sowieso«.

Also nahm ich irgendeine. Ich achtete auf die Fahrschulwagen, die mir begegneten, und merkte mir die Namen. Dann suchte ich die Telefonnummern derjenigen heraus, die nicht zu weit entfernt waren. Nach längeren Versuchen erwischte ich eine in meinem Wohnort. Eine freundliche Frau erklärte mir, dass ich noch einige Wochen warten müsse, da zum Winter hin nicht viel los sei, und der Fahrlehrer daher in Urlaub sei. Dann wäre auch das kaputte Motorrad wieder repariert.

Kaputtes Motorrad, Urlaub? Nee das war nichts für mich. Also rief ich die nächste Telefonnummer an und erwischte auch tatsächlich jemanden, der mir Auskunft gab. Klar könne ich den A-Führerschein machen, sogar innerhalb weniger Wochen. Das hörte sich gut an. Welches Motorrad sie denn zu Schulungszwecken hätte. Da haperte es, denn es stand zurzeit nur eine alte Kawasaki mit 34 PS zur Verfügung. Nein danke, ich verzichtete.

Aber bei der dritten Fahrschule hatte ich Erfolg. Eine freundliche Dame erklärte mir, dass in ihrer Fahrschule nach den neusten Methoden in topaktuellen deutschen Autos ausgebildet würde. Der theoretische Unterricht würde regelmäßig

am Mittwochabend stattfinden. Die Prüfungsergebnisse ihrer Fahrschüler wären aufgrund der Schulung überdurchschnittlich gut.
Ich wollte eigentlich nach mehr als 43 Jahren erfolgreicher Autofahrerkarriere nicht noch einmal die Fahrlizenz für Pkws machen und sagte ihr das auch. Ach so, meinte sie, sie wollen bloß eine Erweiterungsprüfung machen. Das hörte sich gut an. Ja, das wollte ich, nur eine Erweiterungsprüfung machen, bestätigte ich ihre Frage. Ob sie denn auch auf Motorrädern ausbildeten, fragte ich voller Erwartung weiter. Ich wartete gespannt auf ihre Antwort. Nach einem Moment, sie hielt die Sprechmuschel zu und fragte wohl kurz jemanden im Büro, erzählte sie mir dann frohlockend, dass sie von Leichtkrafträdern bis zur Sportmaschine alles im Angebot hätten.
Das überzeugte mich, und ich machte einen Termin für die Anmeldung.

Alter schützt vor Anmache nicht

Selbstverständlich fuhr ich mit meinem großen Roller zur Fahrschule. Allein schon, um zu dokumentieren, dass ich ja auch auf zwei Rädern ein ernst zu nehmender Verkehrsteilnehmer war, der einem normalen Fahrschüler haushoch überlegen war.
Ich bog zur Schulungszeit gegen 17 Uhr in die Fußgängerzone des Nachbarortes ein und hielt auf dem Fußgängerweg vor dem Fahrschulgebäude. Eine Gruppe von Jugendlichen wartete bereits vor der Tür auf den Beginn des theoretischen Unterrichts. Schwungvoll und total lässig hielt ich meinen Roller an und bockte ihn auf. Aus den Augenwinkeln sah ich, dass mein Erscheinen niemanden interessierte, obwohl ich doch bereits das besaß, was die noch zu erreichen versuchten. »Ey Alter, hier würde ich nicht parken, könnte teuer werden«, rief mit ein junger Mann zu und deutete auf eine blau gekleidete Dame, die zielstrebig auf mich zusteuerte. Ich war im Nu verschwunden und suchte mir einen legalen Parkplatz.
Zurück am Eingang rief ich dem jungen Tippgeber ein »Dan-

keschön« zu, das er aber geflissentlich überhörte. Ich kam mir in meiner Bikerkluft ziemlich bescheuert vor und betrat den Laden. Es muss wohl eine alte Bäckerei gewesen sein, die ich betrat. Eine antike Blechbimmel an einer Metallfeder an der Tür schepperte laut und kündigte mich an. Das kleine Büro, das mit einer netten Sekretärin bestückt war, lag hinter dem Schulungsraum, der übrigens genauso hässlich war, wie alle, die ich vorher gesehen hatte. Aber jetzt war ich einmal hier.
Zum Glück musste ich nicht lange warten. Ich hätte heute angerufen wegen einer Erweiterungsprüfung, sagte ich nach einer kurzen Begrüßung. Die freundliche Dame musterte mich und antwortete, dass ich nicht mir ihr gesprochen hätte, sondern mit einer Kollegin aus der Zentrale. Sie sah, dass ich in Motorradkleidung gekommen war, und fragte weiter: »Wen wollen Sie denn anmelden, ihren Sohn oder Tochter oder wen?« Dabei musterte sie mich nochmals von oben bis unten. Verdammt, sah ich wirklich schon wie ein Scheintoter aus, oder warum fragte die Frau so dämlich, fuhr es mir durch den Kopf. »Ich möchte MICH für die Schulung anmelden«, antwortete ich kurz angebunden und schaute ihr etwas sauer in die Augen.
Sie ging sofort in die Defensive und ihre Stimme wurde ein wenig schrill. »Ich habe nur gefragt, weil sie ja schon in Motorradkleidung hier erschienen sind. Da war ich mir nicht sicher, ob sie eine Erweiterungsprüfung überhaupt brauchen«. Diese Begründung ließ mein verletzter Stolz noch so eben zu. Sie bot mir einen Platz an und schenkte mir sogar ein Lächeln, als sie mir die Formulare hinüberschob. Ich gab ihr noch ein paar Zusatzinformationen zu meinem 1963 erworbenen Führerschein und ließ auch überflüssigerweise durchblicken, dass ich ja schon unheimlich viel Erfahrung auf zwei motorbetriebenen Rädern gesammelt hätte. Letzteres hätte ich besser verschwiegen, ebenso wie den Oberstudienrat in meiner Berufsbezeichnung.
Die ganze Prozedur war in wenigen Minuten erledigt, ein Lehrbuch und eine CD mit Prüfungsfragen konnte ich als Trophäe mitnehmen.
»Sie könne sich ja einmal einen Moment im Schulungsraum Platz nehmen und reinhören, wie der Schulungsleiter unter-

richtet. Es wird ihnen gefallen«, versicherte sie mir und entließ mich in diesen besagten Raum.

In den vielen Jahren meines Berufslebens habe ich immer wieder erlebt, wie sich Schüler verhalten, wenn sie das erste Mal in eine Klasse kommen. Die Schlitzohren und Schummler rasen auf die hintersten Plätze, um sich so dem Zugriff der Lehrperson zu entziehen. Die langsamen, zurückhaltenden und vielleicht interessierten Schüler plus alle Mädels teilen sich dann die vorderen Plätze.

Im Schulungsraum drängten sich somit alle jungen Männer im Hintergrund. Die Mädels saßen weiter vorn. Allen gemeinsam war die Körperhaltung. Leicht nach vorn gebeugt hielten sie mit geöffneter Hand einen flachen Gegenstand in Brusthöhe vor sich. Mit dem Daumen wurden rasend schnell kleine Knöpfe gedrückt, die sich unterhalb eines kleinen Monitors, auch Display genannt, befanden. Es war also noch Smartphone-Time. Bei der kleinsten Pause oder Unterbrechung des Unterrichts wurde diese Haltung wieder eingenommen, um sich dringender digitaler Kommunikation hinzugeben.

Als ich mir einen Platz an einem der freien Tische direkt vor der Tafel suchte, ging das Getuschel hinter mir im Raum los. Man hatte mich wahrgenommen und die Verbindung zur Außenwelt unterbrochen. »Ham wir hier auch ein Krematorium?«, hörte ich im Hintergrund eine heisere Stimme, die sich noch im Stimmbruch befand. »Jetzt kommen die sogar zum Sterben hierhin«, wisperte jemand zwei Tische hinter mir. Ich drehte mich um und musterte den »Flüsterer« ausdruckslos. Leise aber sehr deutlich flüsterte ich zurück: »Ist wohl nicht so lange her, dass deine Mama dir die Pampers gewechselt hat!« Danach drehte ich mich um. Der Erfolg war durchschlagend. Ein schadenfrohes Gegluckse und Gekichere zeigten mir, dass mein Witz angekommen war. Von da an hatte ich Ruhe. Ich hörte interessiert den Ausführungen des Fahrlehrers zu und merkte bald, dass diese Veranstaltung den 15-jährigen gewidmet war, die eine Moped-Fahrerlaubnis erwerben wollten. Der monotone Vortrag waberte etwa zwei Etagen über die Köpfe der Lauschenden hinweg. Irgendwie verstand ich die Kids, dass sie sich in ein digitales Gebüsch verkrochen. So endete meine erste Theoriestunde nach 15 Minuten.

Für einen Fahrlehrer (warum gibt es eigentlich so wenig Fahrlehrerinnen?) sind Schulungsveranstaltungen eine echte Herausforderung, da er das Unterrichten ja nicht wie ein normaler Lehrer in einer langen Ausbildung bzw. Studium gelernt hat. Noch schwieriger werden solche Veranstaltungen, wenn einer Bande von Jugendlichen eine trockene Materie wie die Straßenverkehrsordnung vermittelt werden soll.
Daher werden Unterrichtsinhalte häufig mit eigenen drastischen Erfahrungen gewürzt, die als warnende Beispiele herhalten müssen. In Zeiten von PC-Killerspielen, wo das virtuelle Blut eimerweise aus den Monitoren der jungen Leute strömt, sind verbale Grausamkeiten aus dem täglichen Unfallbericht der Polizei eher einschläfernd.
Als ich am ersten Abend zur regulären ersten Theoriestunde erschien, war der Fahrlehrer total nervös. Man hatte ihm wohl gesteckt, dass ich ein Pauker sei, der eine ähnliche Altersgruppe unterrichtete. Ganz lässig und cool versuchte er seine Nervosität zu überspielen. Da ich neu war, musste ich mich kurz vorstellen, wobei ich meinen Beruf bewusst nicht erwähnte. Dass ich mehr als 45 Jahre unfallfrei fuhr, ich konnte mir die Bemerkung nicht verkneifen, rief ein allgemeines Grinsen hervor. Wahrscheinlich glaubten die Youngster, dass ich mein Auto schieben würde.
Bei jeder Frage an die versammelte Mannschaft im Raum schaute mich zuerst der Fahrlehrer an. Auf meinem Rücken brannten dann circa 160 gefühlte Augenpaare, obwohl nur 14 vorhanden waren. Von mir erwartete man die richtigen Antworten. Klar, ein Mann wie ich musste ja unfehlbar sein. Selbst wenn ich eine falsche Antwort gab, dachte der Fahrlehrer angestrengt nach, ob vielleicht doch was Richtiges dran war.
So allmählich entspannte sich die Situation, weil die Kursteilnehmer feststellten, dass ich nicht gekommen war, um den Superschlauen zu mimen. Ich war nur ein Typ wie jeder andere, der gekommen war, um sich auf die theoretische Fahrprüfung vorbereiten wollte.
Am Ende der ersten Unterrichtsstunde schlug dann meine Diplomatenstunde. Ich ging zum Fahrlehrer und sagte ihm leise, dass ich seinen Unterricht Klasse fände. Ich wäre beeindruckt

von seinem Fachwissen und wie verständlich er alles erklären würde. Damit hatte ich gewonnen. Zwar konnte ich nicht abstellen, dass mich in den folgenden Stunden alle weiterhin erwartungsvoll anstarrten, wenn eine Frage gestellt wurde. Man gewöhnte sich aber daran, dass ich nicht jede Antwort parat hatte. Hin und wieder traute sich sogar jemand, sich an meinen Tisch zu setzten.

Gehirnzellen updaten

Ob mit dem Messer im Gewande oder mit der fest gemauerten schillerschen Glocke, als Zwölfjähriger schaufelte ich alle Gedichte in meinen Kopf. Ich hatte es einfach drauf, Endlosgedichte auswendig zu lernen und vor der Klasse sogar mit Betonung zu rezitieren. Die Technik dafür bekam man vom Lehrer mit Hilfe von Strafarbeiten oder Nachsitzen beigebracht. Zeile für Zeile laut lesen und dann den Text abdecken und wiederholen. 36 Strophen waren kein Problem, die gingen ab wie Schmitz Katze.

Das kriege ich heute nicht mehr so einfach auf die Reihe. Bereits in den letzten Jahren als Pauker merkte ich, dass es mir immer schwerer fiel, mir die Namen der Schülerinnen und Schüler in meinen Klassen zu merken. Da kamen ungefähr 200 bis 250 Namen in der Woche zusammen. Mit Hilfe von Spickzetteln, Klassenplan plus Namen, hielt ich mich aber bis zum Ende über Wasser. Das ging nur schief, wenn ein Schülerpärchen merkte, dass sie hormonell doch nicht mehr so toll zusammenpassten, und sich deswegen von Tisch und Stuhl trennten, um sich mit einem anderen Partner oder Partnerin neu zu verwirklichen. Alle paar Wochen musste ich mir deshalb einen neuen Klassenplan stricken, da die Korrekturen darauf mich nur noch verwirrten.

Aber auch Nachlässigkeiten, wie Schlüssel verlegen oder Termine vergessen, schlichen sich immer häufiger ein. Mein Arzt winkte ab, wenn ich ihn darauf ansprach. Das sei in meinem Alter völlig normal, meinte er. Außerdem hätte ich mich ja gerade erst in eine neue Sprache eingearbeitet, was ja auf ein

konnte ich beantworten. Man solle nach hinten schauen, war die richtige Antwort, die mir alles abverlangte. Hart an die Grenze meiner Leistungsfähigkeit brachte mich die gemeine Frage: »Bei welcher Drehzahl ist der Benzinverbrauch günstig?« »Bei niedriger Drehzahl«, riet ich und lag doch tatsächlich richtig.

Bei manchen Fragen habe ich aber doch am gesunden Menschenverstand der Testfragenbastler gezweifelt. Wenn ich bei 120 km/h auf dem Motorrad ein Hindernis sehe und anfange, mit der Formel »(Geschwindigkeit in km/10 x Geschwindigkeit in km/10):2« zu rechnen, um den Bremsweg, den ich brauche festzustellen, bin ich tot, wenn ich das Ergebnis habe. Das ist übrigens die Formel, die Fahrschüler als Erstes vergessen, wenn sie die Prüfung hinter sich haben.

Im Januar wollte ich gerade anfangen, alle Prüfungsfragen in Spanisch und Kisuaheli zu übersetzen, da kamen endlich die Papiere. Meine häufigen Rückfragen beim Straßenverkehrsamt hatten bewirkt, dass meine Anträge wohl von einer freundlichen Dame, die sich über meine dringenden Fragen ärgerte, wieder ganz nach unten in den Stapel wanderten. Ich war aber nicht allein mit meinem Kummer, denn ein großer Artikel in der Tageszeitung diagnostizierte beim Straßenverkehrsamt einen chronischen Durchhänger, der eine Verzögerung von mindesten sechs Wochen hervorrief.

Jetzt hatte ich meinen Termin! Die Prüfung sollte im Januar noch stattfinden. Da ich ja wie ein Blöder die Fragen gepaukt hatte und diese samt Antworten auswendig konnte, wurde ich stocknervös.

Ich, ein gestandener Pauker, wurde nervös. Wie konnte das sein? Tausende von Schülern hatte ich souverän durch Prüfungen geboxt und ihnen immer wieder eingebläut, auf keinen Fall nervös zu werden. Und jetzt das. Bereits eine Woche vor dem Termin wurde ich nachts wach, weil sich im Traum mein Prüfer über mich kaputt gelachte hatte, als er meinen Prüfungsbogen korrigiert hatte. Keine Frage hatte ich richtig beantwortet. Wie sollte ich meiner Familie beibringen, wenn ich bei der Prüfung versagen würde, fragte ich mich. Bisher hatte ich es ja verstanden, meine Nervosität zu verstecken, weil ich ja nur noch in meinem Arbeitszimmer saß und büf-

felte. Meinen Kindern war mein Verhalten völlig unverständlich. Sie hatten die Fragen einmal durchgeackert und waren dann fertig damit. In der Prüfung hatten sie ein oder zwei Fehler gemacht und trotzdem bestanden.
Ich fand eine geniale Lösung. Niemandem würde ich was erzählen und erzählen, dass ich ganz normal zu einem Vorbereitungsgespräch beim TÜV auflaufen müsse. Die Prüfung datierte ich für den Rest der Welt auf einen späteren Termin.
Die schlimmste Zeit vor einer Prüfung sind die letzten zehn Minuten. Man steht vor einer geheimnisvollen verschlossenen Tür und scharrt wir ein Gaul mit den Hufen. Jetzt will man endlich rein ins Elend. Mit dem Mute der Verzweiflung überspielt man die Nervosität und gibt sich cool gegenüber den Mit-Delinquenten.
Endlich ging es los. Die Tür öffnete sich und eine Reihe von blinkenden Monitoren begrüßten uns. Ich bekam einen Bogen mit meinem Namen und einer Nummer und setzte mich an einen PC, der die gleiche Nummer anzeigte. Dieser widerliche Bildschirm würde mir also gleich Fragen zeigen, die ich noch nie gesehen hatte. Ich hatte richtig Schiss. Der Prüfer hob seine Uhr und – nein, er schoss nicht mit einer Startpistole - meinte, wir sollten anfangen.
Ich schaute auf den Monitor und sah die Fragen. Alles fiel von mir ab. Das waren sie, ja genau die, die ich gelernt hatte. Meine Maus fegte über die Klick-Boxen und setzte die Häkchen an die richtigen Stellen. Fertig! Fertig nach drei Minuten? Nein das konnte nicht sein. Ich begann nach vorn zu scrollen. Langsam mit Bedacht korrigierte ich meine Häkchen. Alles am richtigen Platz. Ich klickte auf »Fertig« und hob meinen Arm. Der Ober-TÜV-Prüfungsvorsitzende bewegte sich nicht, sah mich aber gleichgültig an. »Kommt da noch mehr?«, fragte ich. Er schüttelte den Kopf und neben mir hörte ich jemanden »Arschloch« murmeln. Er hatte wohl nicht so intensiv gelernt.
Ergeben und mit einem kleinen Stoßgebet gab ich den Bogen ab. Jetzt kam die Sekunde der Entscheidung, die über mein Motorradschicksal entschied. Umständlich verglich der Mann vom TÜV meine Prüfungsnummer mit der auf seinem Bildschirm. Dann bewältigte er einen wichtigen Verwal-

tungsakt und malte mit Filzstift eine riesige »Null« und seine Unterschrift auf den Zettel. Ich war durch mit null Fehlern. Als ich den Raum verließ, hörte ich noch das Wort »Streber«, was mich aber nicht entscheidend verletzte. Ein Blick auf die Uhr zeigte mit, dass ich mir wegen dieser zehn Minuten wochenlang in die Hose gemacht hatte. Das konnte ja noch heiter werden, wenn es an die praktische Prüfung ging.

Als ich total happy nach Hause kam, mimte ich den Gleichgültigen. Dann musste ich es loswerden und sprach meine Frau an. »Weißt du, wo ich heute Morgen war?«, fragte ich hinterlistig. »Klar«, antwortete sie genauso gleichgültig. »Du warst bei der theoretischen Prüfung und hast sicherlich mit null Fehlern bestanden«, fügte sie mit einem wissenden Lächeln hinzu. »Es stand seit Tagen an deiner Stirn und wir alle wussten, was heute Morgen los war«. Dann nahm sie mich in den Arm und gratulierte mir. Meinen Kindern war die Tatsache der bestandenen Prüfung völlig gleichgültig. Typisch!

Kapitel 6 - Motorradpraxis

»Grau ist alle Theorie« hieß es doch schon in Goethes Faust. Mit anderen Worten: »Es gibt nichts Gutes, außer man tut es«. Getreu dieser Binsenweisheiten ging ich bereits im Herbst, also zwei Monate vor meiner theoretischen Prüfung, den Leuten in der Fahrschule mit meiner Quengelei auf den Keks. Ich wollte endlich mit der praktischen Ausbildung auf einem richtigen Motorrad anfangen und nicht warten, bis ich die theoretische Prüfung abgelegt hätte.

In der Fahrschule hatten sie Mitleid mit mir, denn ich musste ja mehrere Monate auf die Papiere für die schriftliche Prüfung warten. Meine Trauer darüber und die Ungeduld waren nicht gespielt, deshalb betrachtete die Dame am Telefon das Vorziehen der praktischen Schulung gewissermaßen als einen Akt der Pietät. In meinem Alter zählte jeder Monat, dachte sie wohl. Wer weiß, wie lange ich noch ohne fremde Hilfe allein auf ein Motorrad steigen könnte. So oder so ähnlich haben nicht nur sie, sondern auch alle anderen Verantwortlichen in der Fahrschule gedacht, als sie mir eine schnelle Schulung versprachen. Es stünden drei Schulungsbikes zur Verfügung, auf denen ich eine Sitzprobe machen könnte, um mir dann eines für die Schulung auszusuchen.

Was sie allerdings nicht wussten, war, dass ich bereits voreilig Fakten geschaffen hatte, die meinen Wunsch nach dem Führerschein immer dringender machte.

Normalerweise bin ich ein Mensch, der abwägt, was er tut. Normalerweise! Ich bin schließlich mehr als 40 Jahre Beamter gewesen, was eine gewisse Prägung hinterlässt. Sicherheitsdenken geht über Spontaneität, das Wort »spannend« entwickelt sich zum Fremdwort. Normalerweise!

Da ich nie in dieses Klischee hineinpasste, habe ich mich immer wieder von spannender Unvernunft leiten lassen und chaotische Entscheidungen getroffen. So habe ich zum Beispiel als junger Referendar ein Fertighaus gekauft, ohne dafür ein Grundstück zu besitzen. Es gefiel mir so gut, dass ich spontan auf der Fertighausausstellung in Wuppertal den Kaufvertrag unterschrieben habe. Das 2. Staatsexamen hatte ich damals auch noch vor der Brust. Ich bekam als Zusatzanreiz allerdings 20 Prozent Rabatt auf die schöne Hütte. Dann habe ich nach einem Fleckchen Erde gesucht und wurde auch fündig. Im Oberbergischen konnte ich mich niederlassen, was mir als altem Sauerländer nicht schwerfiel. Es ging alles gut. Ich bestand knapp das 2. Staatsexamen, da ich mehr mit dem Hausbau, als mit der Prüfung beschäftigt war. Zweimal war ich kurz vor dem Aufgeben, aber der Beamtenstatus rettete mich. Die Banken verdienten gut an diesem Deal, und ich war zufrieden.

Solche Schnellschüsse, mit kleinen Rettungsfallschirmen in letzter Sekunde, durchziehen in schöner Regelmäßigkeit mein Leben. Immer ging es gut, auch wenn mit steigendem Alter der Stress bei solchen Aktionen immer größer wurde.

Was das mit der praktischen Motorradausbildung zu tun hat? Nun, normalerweise macht man brav seine theoretische Prüfung, dann die praktische und anschließend geht man auf die Suche nach einem vernünftigen Motorrad. Unter vernünftig verstehe ich, dass das Bike dem Können des Straßennovizen entspricht. Mein Sohn, inzwischen in einem Alter, wo er alles besser wusste, empfahl mir eine kleine 500 – 600er-Maschine mit maximal 50 PS. Das würde für mich auf jeden Fall genügen und er wäre mir mit seiner BMW immer noch überlegen. Ich wäre schließlich ja fast 70 und müsste meine eingeschränkten Fähigkeiten berücksichtigen. Aua! Der Ratschlag klang aus seiner Sicht vernünftig, und ich stimmte des lieben Friedens willen zu. In meinem Kopf wuchsen aber völlig andere Pläne heran. Schon allein der Hinweis auf mein Alter zwang mich geradezu, meinen dicken Kopf durchzusetzen und es allen zeigen zu wollen.

Selbstverständlich hatte ich mich schon monatelang Stunden über Stunden im Internet herumgetrieben, und Ausschau nach schönen Motorrädern gehalten. Meine Frau stand dann unvermittelt hinter mir, linste mir grinsend über die Schultern und bat mich, ich solle bitte berücksichtigen, dass sie auch ab und zu hinter mir sitzen würde. Auf so eine vollverkleidete harte Rennmaschine würde sie nicht steigen, und zeigte dabei auf eine Honda Fireblade mit 180 PS. Ihr Hintern wäre ja nicht so dick und weich wie meiner, fügte

Tourer zum Träumen.

sie mit einem anzüglichen Seitenblick auf meine stattliche Figur als Begründung hinzu. Botschaft verstanden, Suche präzisiert, ein popo-freundliches Bike musste es sein. Außerdem sollte der Wind abgehalten werden, ähnlich wie bei meinem Roller. Dieser hatte einen Windabweiser so groß wie eine Schaufensterscheibe auf der Kö in Düsseldorf. Selbstverständlich versprach ich ihr, falls ich die Prüfung je schaffen würde, ihr eine Tourensänfte mit Rückenlehne und Cabrioeffekt vorzustellen.

Neben dem Fahrschulstress hatte ich zukünftig wegen der Sitzbankoptimierung auch noch eine Diät am Hals.

500 ccm Motorvolumen unter dem Tank waren meiner Meinung nach viel zu wenig und entsprachen nicht unseren Vorstellungen. Wie sollte ich darauf mit einer Sozia hinter mir die Berge im Sauerland und in der Eifel erobern? Das würde nur mit hohen Drehzahlen und damit verbundenem Krach aus dem Auspuff klappen. Nein, da musste schon mehr Dampf unter der Verkleidung her, um anständig Druck auf die Straße

zu bringen.
Nahezu alle Motorräder, die ich mir unter den Wunschvorgaben im Internet ansah, beeindruckten mich sehr. Ich hatte als Suchkriterium »Tourer« oder »Sporttourer« eingegeben. Laut Aussage der Anbieter waren sie wie geschaffen für lange Touren und versprachen sicheres, komfortables und sportives Fahren. Es waren also eierlegende Wollmilchsäue, die alles konnten. Aber wie sah es mit dem Komfort für zwei Personen aus? Da sah es mager aus, und die Angebote schrumpfen doch gewaltig. Nirgendwo stand etwas über die Polsterung der Sitzbank, die auch nach zwei Stunden Fahrt für ein angenehmes A…-Gefühl sorgen würde. Ebenso wichtig für mich war die effektive Scheibe und die Platzierung der Fußrasten für die Sozia. Eine lange Tour mit angezogenen Knien unter den Achseln hält niemand lange aus.
Ich würde also nach der praktischen Prüfung mit meiner Frau die Händler abklappern und Sitzproben durchführen. Hoffentlich würde der Verzicht auf Wein, Bier und dem abendlichen Rundgang um den Kühlschrank für einen passgenauen Hintern bei mir sorgen.

Rollerinspektion mit Folgen

Mit meinem neuen Roller war ich ständig unterwegs, auch wenn ich nicht überaus zufrieden mit seiner Motorleistung war. Dafür war er bequem und leicht zu fahren. Von April bis September hatte ich mehr als 6000 km heruntergerissen und kannte in der näheren Umgebung jede Kreuzung. Ich denke, sie kannten auch mich.
Ende September musste mein Gefährt in die Inspektion. Natürlich fuhr ich den Roller zu meinem Honda-Händler nach Solingen und gab ihn dort ab. Am nächsten Mittag brachte mich Ulrike mit ihrem Wagen zur Honda-Werkstatt, um den fertigen Roller abzuholen. Der Entschluss, den Motorradführerschein zu machen, lag bereits ein paar Wochen zurück, und die erste Aufregung hatte sich gelegt.
Bei Honda war allerdings gerade Bütterchenzeit, soll heißen, es war Mittagspause. Als Beamter hatte ich dafür großes Ver-

ständnis. Wir mussten also warten, bis ich den Roller übernehmen konnte.
Zusammen mit meiner Frau ging ich durch die Reihen der ausgestellten Motorräder. Wir schauten uns die verschiedenen Modelle an und vertrieben uns damit sinnvoll die Wartezeit. Ich schaute nach unten, dorthin, wo der Dampfkessel beim Motorrad sitzt, und meine Frau drückte mit dem Daumen Dellen in die Sitze. Dann klassifizierte sie die Ausstellungsstücke in schön oder nicht schön.
Dann endlich wurden wir von einem unbekannten jungen Mann begrüßt. Ich war eigentlich der Ansicht, dass ich inzwischen die ganze Truppe bei Honda kennen würde, aber erst, als er mir seinen Namen nannte, klingelte es bei mir. Er war der Chef vom Ganzen, bzw. dessen Sohn. Man nennt solche Personen wohl Juniorchef. Vom Auftreten her schien er ganz schön wichtig zu sein.
Höflich fragte er, ob er uns helfen könne, und entschuldigte sich, dass im Augenblick niemand für uns da sei. Oh ja, meinte zu meinem Erstaunen meine Frau, wir würden es begrüßen, wenn man sich mit uns über die herrlichen Motorräder hier unterhalten würde. Wir kamen ins Gespräch und unterhielten uns zuerst über die Qualität meines Rollers. Es war reiner Small Talk, der aus Höflichkeitsgründen zwischen uns stattfand. Wir sollten uns nur nicht langweilen. Nichts lag uns ferner.
Dann ließ ich im Gespräch einen Satz heraus, der mein Leben als Straßenverkehrsteilnehmer verändern sollte. »Ich beginne in den nächsten Wochen mit dem Motorradführerschein. Deshalb schaue ich mich auch mit meiner Frau hier um. In absehbarer Zeit ist dann bei uns ein Motorrad fällig«, sagte ich so beiläufig wie möglich, wobei ich aus taktischen Gründen das »uns« besonders betonte. Mit dem Zusatz »übrigens, sie haben hier ja wirklich schöne Maschinen im Angebot«, versuchte ich dem Junior ein wenig Honig um den Bart zu schmieren.
Die Augen vom Juniorchef begannen zu leuchten, und einen Moment lang glaubte ich, ein Eurozeichen darin aufblitzen zu sehen. Um diese Jahreszeit fing ja die sogenannte Saure-Gurken-Zeit für Motorradhändler an, die erst im Frühjahr endete.

Denn wer ist schon so blöd und kauft ein Motorrad, wenn der Winter kommt. Es sei denn, er hat noch keinen Führerschein wie ich und kann sowieso erst im Frühjahr mit dem Fahren beginnen. In diesen Zeiten sollten ja, wie ich zurecht dachte, die Angebote besonders günstig sein.
Dann begann das übliche Frage-und-Antwort-Spielchen, das als Vorspiel zu den folgenden Verhandlungen wie ein Ritual dazugehört. Was ich mir denn so vorgestellt hätte, bzw. was wir uns denn so vorgestellt hätten. Er nahm natürlich meine Frau mit aufs Korn, eingedenk der Tatsache, dass bei solchen Anschaffungen nichts ohne die Frau läuft. Außerdem fummelte sie so zielbewusst an den Sitzen herum, dass man ihr getrost ernsthafte Absichten unterstellen konnte.
Während wir uns unterhielten, gingen wir die Reihen der einzelnen Maschinen durch. Chopper, Supersportler, »naked bikes«, also pure Motorräder ohne Verkleidung, große Enduros, d. h. straßentaugliche Geländemaschinen, jede Maschine war schön. Aber es waren bisher noch keine Tourer oder Sporttourer dabei, die unsere suchenden Blicke festhalten konnten. Bei jeder Maschine blieb meine Frau stehen und ließ sich die Vor- und Nachteile erklären. Ihr Verhalten war etwas merkwürdig, da sie sich für Technik nie interessiert hatte. Dem Juniorchef gefiel das allerdings von Minute zu Minute besser.
Ich stoppte die nutzlosen Beratungsgespräche und klärte Junior genau darüber auf, was wir, bzw. ich, uns vorstellten. Tourer oder Sport-Tourer, nichts anderes stand auf unserem imaginären Wunschzettel. Also eine Maschine, mit der man gemütlich durch die Landschaft gondeln kann, fügte ich hinzu. Meine Frau widersprach, als sie das Wort gemütlich hörte. Sie dürfe auch über 100 km/h schnell sein, denn sonst könnten wir ja den Roller weiter benutzen. Außerdem solle sie nach was aussehen.
Dieses »nach was aussehen« empfand ich aber als sehr interpretationsbedürftig. Junior nickte ernsthaft, denn jetzt stand es fest, wer hier letztendlich die Entscheidungen traf und zustimmte oder den Kopf schüttelte. Nur ich hatte das immer noch nicht begriffen.
Dann holte meine zukünftige Motorradbraut zu einem klei-

nen Rundumschlag aus. Da müssen auch Koffer dran sein und ein Topcase mit weicher Rückenlehne, der Sitz muss anständig gepolstert sein und eine windabweisende Scheibe vorn wäre auch wichtig, komplettierte sie ihre Ausführungen. Ich sah förmlich, wie die Eurozeichen in den Augen des Geschäftsführers wie in einem Geldspielautomaten zu rotieren begannen. Er hatte nicht damit gerechnet, dass meine Frau bereits so konkrete Vorstellungen von der zukünftigen Maschine hatte. Meinen Einwand, dass man die Koffer ja auch später kaufen könne, denn ich wusste, dass die Originalkoffer mindestens doppelt so teuer wie im Zubehörhandel waren, wies meine Frau zurück. »Wenn schon, dann komplett!«, stellte sie ihre Meinung energisch in den Raum. Dann wandte sie sich zu unserem Berater und fragte, ob sie damit nicht recht hätte. Eifrig nickte er und erzählte ihr etwas von Qualität und jahrelanger positiver Erfahrungen mit Originalequipment. Es war eine klassische Zwei-gegen-Eins-Situation entstanden.
Plötzlich blieb meine Frau ruckartig stehen und wies stumm auf ein auffällig blaue lackiertes Motorrad, das etwas abgesondert vom Rest der ausgestellten Objekte stand. »Was ist denn das für ein wunderschönes Motorrad«, fragte sie scheinheilig nach einer Weile. »Das ist ein Sahnestückchen von Honda«, hörten wir hinter uns eine Stimme. Der Werkstattleiter, mir als Christian bekannt, hatte wohl mitbekommen, dass meine Frau und der Juniorchef die Beratungsangelegenheit in die Hand genommen hatten. Es war offensichtlich, dass sie ganz gut ohne mich klarkamen. Er eilte mir nach dem Verspeisen seine Butterbrotes im richtigen Moment zur Hilfe.
»Die gleiche Maschine habe ich auch eine ganze Weile gefahren«, erklärte er. Und dann kam er mit den Daten rüber. 1000 Kubik Volumen hätte der Vierzylinder-Motor, 98 versicherungsfreundliche PS laut Werk, dabei knibbelte er mir ein Auge zu, denn in Wirklichkeit seien es satte 102 bis 105 PS, wie er mir später erklärte. Der Tacho zeige erst 5500 km an. Genau das Richtige für mich, fügte er hinzu. »So was kann ich nicht fahren«, antwortete ich im Brustton der Überzeugung, »ich stehe noch bei 15 PS«, wiegelte ich ab. Er wusste das natürlich, denn er hatte ja meinen Roller gewartet. Trotz-

längst beschlossen hatte, dass sie mit diesem Motorrad im nächsten Jahr fahren würde?
Dann schlug meine Stunde, und ich gab mir einen Ruck. Während meine Frau sich mit dem Werkstattleiter weiter unterhielt, nahm ich mir den Junior-Boss vor. Zwischen Ende September und frühestens Januar oder Februar lägen ja nun doch ein paar Monate. Wie er sich denn so ein Geschäft vorstellen würde.
Er hatte sich wohl schon alles zurechtgelegt, und machte mir einen Vorschlag, den ich als fair betrachtete. Ich würde meinen Roller bei ihm in Zahlung geben und diesen bis zum Bestehen des Führerscheins weiter fahren. Eine Anzahlung müsse ich allerdings zusätzlich machen.
Letzteres gefiel mir nicht. Mein Gegenvorschlag lautete: Ich würde einen Kaufvertrag für die Honda CBF 1000 sofort mit ihm anschließen. Er müsse mir einen anständigen Preis für den fast noch neuen Roller machen. Den Rest würde ich nach der Fahrschule und der Übergabe des Rollers bezahlen.
Aber, was würde passieren, wenn ich zu blöde wäre, den Führerschein zu bestehen? »Dann wird das ganze Geschäft rückgängig gemacht und der Kaufvertrag zerrissen«, so seine faire Antwort. Für mich bestand kein Risiko, außer der fürchterlichen Blamage eines Versagens beim Motorradführerschein. Ich drehte mich um und rief Ulrike zu, dass wir uns einig wären, die Honda sei gekauft. Endlich hatte ich den Überraschungsmoment einmal auf meiner Seite. »Sag aber nicht später, dass ich dich zu diesem Kauf Maschine überredet hätte«, rief sie mir scheinheilig zu und kam zu uns geeilt.
Dann ging es in die Details, und ich war froh, dass der Herbst kam und damit die Verhandlungstoleranz des Chefs erhöht war. Ein neuer weicher Gel-Sattel wurde bestellt, heizbare Griffe, ein Sturzbügel für den Motor und ein original Touringset für diese Maschine, bestehend aus zwei Seitenkoffern und einem großen Koffer mit weicher Rückenlehne für meine Frau. Auf Fotos sah das ganze unglaublich gut aus, und ich sah schon alle Biker am Bikertreff vor Ehrfurcht erstarren.
Der Kaufvertrag war in Minuten fertig. Ich bezahlte meine

Inspektionsrechnung für den Roller und ging irgendwie benebelt mit Ulrike vor die Halle. »Wenn man was Anständiges sieht, muss man sofort zuschlagen«, meinte sie lächelnd zu mir, bevor ich etwas sagen konnte. »Wer weiß, wie lange die noch hier gestanden hätte? Dabei gefiel sie mir doch schon, als wir in die Halle kamen«. Das war ja typisch. Sie ließ mich zappeln und suchen, und wusste genau, welches Motorrad sie sich aussuchen würde. Ich habe mindestens zwei Tage gebraucht, bis ich begriffen hatte, was da wirklich abgelaufen war.

Die Reaktionen in der Familie hatten es in sich. Meine älteste Tochter, vor ihren Gebäraktionen selbst einmal Bikerin gewesen, verkniff sich jeden Kommentar. »Schön«, war ihr einziger Kommentar und wies dann auf die PS-Zahl in Verbindung mit meinem Alter hin. Das konnte ich noch ertragen, weil dieser Einwand ja auch von einem Insider stammte. Später gab sie aber zu, dass sie sich für mich gefreut hatte, weil ich in meinem hohen Alter noch so viel Mut gezeigt hätte. Ich begann diese Anspielungen auf mein Alter immer mehr zu hassen.

Meine jüngere Tochter interessierte es gar nicht, da sie ja noch nicht mir ihrem Bruder gesprochen und seine Meinung übernommen hatte. Der allerdings lief erst einmal Amok. Er selbst fuhr ja »nur« eine BMW mit 50 PS und der alte Sack stieg mit fast 100 PS ein. Das ging ja mal gar nicht. Er prophezeite mir mindestens ein Abonnement mit Streckverbänden im Krankenhaus oder sogar schlimmeres. Auch mein Argument, dass man sich mit 50 PS genauso gut die Birne kaputt fahren könne, wie mit 100 PS, beeindruckte ihn nicht. Er regte sich schrecklich auf.

Andererseits waren meine Freunde, die wie ich auch schon in die Jahre gekommen waren, total begeistert. Deren Ehefrauen sahen das natürlich etwas anders, da sie sich vor meinem Bikervirus fürchteten. Wenn etwas passieren würde, dann doch lieber mir, anstatt ihrem Ehegatten, so hatte ich das Gefühl.

Unten rum wird es schwierig?

Automatik fahren im Auto ist schön. Man gibt mit dem rechten Fuß Gas und bremst mit diesem. Die Hände sind am Lenkrad und bewegen es mal nach links oder nach rechts. Auf der Autobahn machen die Hände sogar streckenweise gar nichts, wenn es schön geradeaus geht. Klar! Ich weiß, dass heute sehr viele hochwertige Autos am Lenkrad Hebelchen und Knöpfe haben, die man sogar betätigen oder drücken kann, um manuell die Gänge zu schalten, Radios einzustellen, Handys zu bedienen oder im Internet zu googeln. Aber, das ist der Vorteil bei diesen Autos, man muss sie nicht bedienen, wenn man Automatik fährt. Wenn es solche Pkws nicht gäbe, müssten sie für Rentner neu erfunden werden.

Ähnlich läuft die Sache bei einem Roller ab. Draufsteigen, Seitenständer hochklappen und den Startknopf drücken. Mit der rechten Hand gibt man dann Gas und ab geht es durch die Mitte. Mit beiden Händen wird dann gebremst. Da muss man sich nichts merken, das klappt sofort. Es sei denn, man stellt sich beim ersten Mal so ängstlich und dämlich an, wie ich damals, als ich meine Pantheon beim Händler abgeholt hatte. Mit der Zeit wurde ich aber doch ein vollwertiger Zweiradfahrer, was mir auch das gesunde Selbstvertrauen vermittelte, um mich bei der Fahrschule anzumelden.

Motorräder sehen ja ganz anders aus als Roller. Damit meine ich nicht die zusätzliche Schürze vorn am Roller, die den Fahrer vor Witterungseinflüssen schützt, sondern mehr das ganze Drumherum. Allein die Reifen sind beim Motorrad erheblich größer. Ein dicker Klotz unter dem fassartigen Tank eines Bikes signalisiert, dass hier die Kohlen versteckt sind, die das Feuer beim Fahren entfachen. Bis zu vier oder auch sechs dicke Rohre, je nach Zylinderzahl, kommen gebogen aus dem Motorblock und enden hinten am Heck in mächtigen Schalldämpfern. Diese sollen, wenn ich den Testzeitschriften Glauben schenken soll, ungeheuer wichtig für das Lebensgefühl des Fahrers während der Fahrt sein. Ein sonores Blubbern im Stand wird schon fast als erotisch angesehen, das Röhren während des Überholvorganges signalisiert den emotionalen

Orgasmus. Wie ich gelesen hatte, war der Verkaufserfolg mancher Vierzylinder-Motorräder daran gescheitert, dass sie zu brav klangen und einfach nur schnurrten oder sirrten, wenn beschleunigt wurde. So etwas signalisiert Understatement und lässt den Prestigewerte einer solch nutzlosen Karre ins Bodenlose sinken. Wenn sie schon mal vor einer Ampel neben einer dicken Harley gestanden haben, dann kennen sie das unglaublich tiefe, patentgeschützte Blubbern der mächtigen Zylinder, das beim Losfahren in ein Krescendo mündet und alles erzittern lässt. Das bedeutet in der Regel Platz 1 entlang der Eisdielenwertung an sonnigen Nachmittagen an der Prachtmeile ihrer Stadt. Dabei sind diese Maschinen in der Regel nicht besonders schnell und handlich, aber sie klingen nach männlicher Potenz.

Immer wenn ich auf Bikertreffs die Parade der geparkten Motorräder abgenommen hatte, habe ich mich nach den vielen Hebelchen unten links und rechts vom Motor gefragt. Nein, ich hätte niemals jemanden gefragt, denn dann hätte man mich sicher in den psychiatrischen Notdienst geschickt. So etwas weiß man doch von Geburt an. Nur ich nicht!

Mein Sohn erklärte mir kurz an seiner BMW, welchen Zweck diese Hebel erfüllen. Sie sind zum Schalten und Bremsen da. Da ich aber noch nie gesehen habe, dass sich ein Motorradfahrer während der Fahrt hinuntergebeugt hat, um an dem Schalthebelchen zu ziehen, muss dieser ja wohl mit dem Fuß bedient werden. Es wäre ja wohl auch zu unbequem und gefährlich, sich so weit runterzubeugen. Erst recht in meinem Alter, wo der Rentnerücken ja langsam steif wird. Den Sinn des rechten Fußbremshebels erfasste ich allerdings sofort. Ich musste also warten, bis man mir vor der ersten Fahrstunde alles etwas genauer erklären würde. Ich war ziemlich gespannt.

Ich kann schon fahren – oder nicht?

Vor der ersten Fahrstunde lernte ich meinen Fahrlehrer Uwe kennen. Er leitete sowohl den theoretischen als auch den praktischen Unterricht für die Klasse A. Ich verstand mich sofort mit ihm oder glaubte es wenigstens. Denn alles, was ich ihm erzählte, quittierte er mit einem Nicken oder einem tiefen Brummen. Ein Stoiker, den nichts aus der Ruhe bringen konnte. Seine Größe plus Volumen machten ihn zu einer echten Respektsperson.

Er war ebenfalls Biker aus Leidenschaft. Der Unterricht, der sich um die Motorradtechnik drehte, wurde gewürzt mit persönlichen Erlebnissen. Das kam natürlich gut an, insbesondere die Lerngruppe, bedingt durch die winterliche Jahreszeit, nur aus vier Anfängern bestand. Es war also mehr eine persönliche Unterhaltung.

Ich erzählte ihm natürlich, welch wunderbarer Rollerfahrer ich sei. Draußen vor dem Schaufenster der Fahrschule neben dem Eingang stand meine S-Wing und wartete darauf, von ihm beachtet zu werden. Aber ein BMW-Fahrer wie er (er hatte sogar zwei davon) ignoriert solche unbedeutenden »Nicht-Motorräder« aus tiefster Überzeugung. Ich kannte das ja inzwischen von den deprimierenden Grußriten unterwegs auf den Landstraßen. Trotzdem erzählte ich ihm von den vielen Tausend Kilometern, die ich schon auf Deutschlands Straßen unterwegs gewesen wäre. Ebenfalls musste ich unbedingt loswerden, dass ich ja schon ein geiles 100-PS-Motorrad gekauft hätte. Das war ein Fehler!

Wir verabredeten uns für einen Montag um neun Uhr auf dem Gelände der Fahrschule.

Pünktlich um neun fegte ich rasant mit meinem Roller in die Einfahrt zum Parkplatz vor der Fahrschulzentrale. Ich wollte unbedingt einen guten Eindruck machen. Uwe stand schon reglos und unbeeindruckt am Straßenrand wie ein Standbild und wartete auf mich. Elegant stoppte ich neben ihm und stieg ab. Er musste doch endlich bemerken, dass ich schon fahren konnte. Aber nichts geschah, kein Wort, kein Zucken, keine Hochachtung. Ich schob mein Visier von meinem Helm hoch und er begrüßte mich freundlich. Mich wenigstens beachtete er. Zusammen gingen wir zu einer Garage. In der standen vier große weiße Motorräder. »Such dir eine aus«, forderte er mich auf. »Die ganz rechts, die kannst du nicht nehmen, die ist heruntergeregelt und hat nur 34 PS«. Ich war

natürlich überfordert und bat ihn, eine Passende für mich auszusuchen. »Dann nimm am besten die Honda CBF600, die hat ABS und fährt sich leicht, wie ein Roller«, meinte er und zeigte auf eine weiße Maschine.
Ich traute meinen Augen nicht. Das war exakt meine in Solingen gekaufte Maschine, nur besaß sie einen kleineren Motor. »Du musst anfangs vorsichtig Gas geben«, fuhr er fort, »die hat echt Wumm mit ihren 80 PS.« Ich schluckte stumm und nickte.
Uwe stapfte in die Garage und zog spielerisch leicht, ohne Anstrengung zu zeigen, die Maschine heraus, und schob sie an den Straßenrand. Dort stellte er das Ungetüm auf den Seitenständer und nicht auf den Hauptständer. Dann ließ er den Motor an, der ein tiefes drohendes Brummeln von sich gab. Normalerweise kann man ein Motorrad, das auf dem Seitenständer steht , nicht starten, aber er konnte es. Ich fragte ihn, ob wir nicht zuerst auf dem Parkplatz üben würden, das Anfahren und so. Er schüttelte den Kopf und meinte, dass ich nach meiner Aussage schon fahren könne. Das hätte er ja auch gerade gesehen. Wir würden nach einer kleinen Überlandtour ein wenig in der Stadt herumfahren. Dann erklärte er mir in kurzen Worten, wie man die Kupplung betätigt, mit dem linken Fuß schaltet und mit dem rechten bremst. Die anderen Knöpfe waren mir von meinem Roller bereits bekannt. Das war alles! Mit einem Klettverschluss pappte er noch einen Ohrhörer in meinen Helm, damit er mir unterwegs etwas erzählen konnte.
Mein Rentnerherz wurde in diesem Moment schwerster Belastungen unterzogen. Das Motorrad vor mir wurde immer größer und bedrohlicher. In meinen Ohren hörte ich schon den nervenden Klang der Sirenen von Rettungswagen. Männer in weißen Anzügen zogen meine Fragmente unter der zerstörten Maschine hervor. Uwe unterbrach den unterhaltsamen Film im Kopf. »Ich gehe jetzt mal den Wagen holen. Fahr du doch schon mal in der Straße auf und ab und übe das Anfahren«, sprachs und drehte sich um.
Wir zwei waren allein, die Honda und ich, ganz allein, ohne Hilfe, ohne Zuspruch. Mein Herz sank in die Hose. Ich stellte mich neben das brummelnde Motorrad und strich mit

der Hand über den Sitz, so als ob ich sie beruhigen wolle. Bei meinem Hund klappte das immer. Die Honda war aber kein Hund, sie hatte auch keinen Schwanz, sondern einen Auspuff aus Blech. Sie ignorierte mich einfach und lief unbeirrt weiter. Ich hätte ja sagen können, dass ich Udo heiße, und ich mich auf die Zusammenarbeit freuen würde, oder so ähnlich. Aber ich schluckte nur und hob mein rechtes Bein über den Sitz. Super! Das ging viel einfacher, als bei »meiner« Honda bei der letzten »Sitzung« in Solingen. Na ja, das Motorrad war ja auch auf dem Seitenständer geparkt, was sie doch um einige Zentimeter kleiner machte. Selbst meine Adduktoren zwischen den Beinen schrien nicht vor Schmerzen auf. Ich saß auf der Maschine, packte beide Lenkerenden und stellte die Füße fest auf den Boden. Dann zog ich die Maschine in die aufrechte Position. Das Gefühl war das Gleiche, wie auf dem Roller. Ich fasste Mut. Entschlossen zog ich das Visier meines Helms herunter und war mit mir und dem Motorrad allein.
Jetzt kam der magische Moment. Würde sie bocken und mich abwerfen wie ein Wildpferd oder mich akzeptieren? Mit dem Stiefelabsatz klappte ich den Seitenständer ein und zog mit der linken Hand die Kupplung. Dann trat ich zum ersten Mal in meinem Leben auf den Schalthebel unter meinem linken Stiefel. Es knallte heftig im Bereich des Motors, aber er schien unbeeindruckt zu sein und lief weiter. Das war ziemlich laut und ich dachte im ersten Moment, dass ich dem Getriebe einen Schaden zugefügt hätte. Später merkte ich, dass das völlig normal war. Der erste Gang knallt bei fast allen Motorrädern so geräuschvoll ins Getriebe.
Vorsichtig drehte ich am Gashebel. Vorsichtig? Nein, der Motor brüllte auf, und ich drehte ganz schnell den Gashahn wieder in die Ausgangsstellung zurück. So etwas Sensibles hatte ich noch nicht erlebt. Bei meinem Roller konnte ich locker Gas geben und den Motor damit langsam hochdrehen. Bei dieser Maschine jaulten sofort die Drehzahlen in die Höhe, dass mir angst und bange wurde. Noch einmal versuchte ich, ganz vorsichtig millimeterweise die Drehzahl zu erhören. Das klang jetzt schon besser. Ein Blick auf den Drehzahlmesser zeigte mir, dass ich den Motor auf circa 2000 Umdrehungen gebracht hatte. Die Skala ging aber bis 10000 Umdrehungen

dreimaligem Abwürgen, ich hatte mich schon daran gewöhnt, schaffte ich es, ihm zu folgen und sogar einen Gang hochzuschalten. Ständig knallte unter mir die Kette, weil ich das Gas zu hektisch betätigte. Lastwechsel heißt dieses unangenehme Phänomen, es nervte und ich befürchtete, dass das Motorrad nach dieser Fahrstunde kaputt sein würde.

Langsam wich der Krampf, der sich meiner Schulter und meinem Rücken bemächtigt hatte. Dann ging es in den ersten Kreisverkehr. Mit dem Roller, der auch nicht gerade ein Leichtgewicht war, war das inzwischen kein Problem. Ich kam auch gut rein, aber nicht wieder heraus. Meine Geschwindigkeit war zu langsam und hatte Angst, dass das Motorrad beim Verlassen des Kreisverkehrs umfallen würde. Außerdem machte mich das Knallen der Kette schier verrückt. Also drehte ich zwei Runden, während Uwe auf mich wartete. »Udo, Blinker setzen und etwas schneller fahren. Du fällst sonst um, wenn du abbiegst«, hörte ich es in meinem Ohr schnarren. Aha, er hatte es auch bemerkt, ich lag mit meiner Befürchtung also doch nicht falsch. Todesmutig folgte ich seiner Anweisung und kam tatsächlich aus dem Kreisverkehr heil wieder heraus. »Udo, Blinker…«, kam erneut die Aufforderung über den Äther. Der Blinker war schon bei meinem Roller ein Problem gewesen, da ich immer wieder vergaß, diesen nach dem Abbiegen auszuschalten. Ich gelobte innerlich fluchend, besser auf dieses Biepending aufzupassen.

Es ging von Minute zu Minute besser voran. Uwe gondelte vor mir her und ich heftete mich an seinen Auspuff. »Du darfst auch mal den dritten Gang einlegen«, hörte ich nach einer Weile Uwes Stimme in mein Ohr plärren, »deine Maschine heult wie ein alter Staubsauger«. Auch das bekam ich hin. Wenn die Maschine rollte, dann klappte die Fahrerei sogar richtig gut.

Es ging weiter über Landstraßen ins Bergische Land. Auf den Geraden war ich schon unschlagbar. In den Kurven fehlte mir noch der Mut, die Honda in eine leichte Schräglage zu bringen und fuhr deshalb ganz langsam um die Ecken. Als Rentner muss man ja auch nicht sofort eine schwarze Reifenspur in den Asphalt legen.

Die Fahrt durch die Stadt entwickelte sich zu einem Horrortrip. Das Fahren klappte ja, aber Ampeln und Kreuzungen signalisierten mir schon von Weitem, dass ich hinter und vor anderen Autos in der Schlange anhalten und wieder anfahren musste. Uwe beruhigte mich und meinte nur, an meiner gelben Jacke würde jeder sehen, dass ich zur Fahrschule gehörte, und würde dann auch Rücksicht nehmen. Er hatte wohl an einem Entkrampfungsseminar teilgenommen und versuchte mich zu beruhigen. Die erste Ampel war am Fuße eines Bergs in einer Rechtsabbiegung. Bergab die Bremse betätigen, stehen, Blinker setzen und auf Grün warten bei gezogener Kupplung, das alles klappte prima. Bremse lösen und Anfahren mit gleichzeitigem Anrollen entlockte mir ein nicht druckbares Schimpfwort. Die Koordinierung klappte überhaupt nicht, ich wackelte mit der Maschine hin und her und kam mit den weit gespreizten Beinen auf den Boden. Zum Glück! Uwe rief nur, ich solle doch einfach die Kupplung kommen lassen, die Honda würde doch bereits fahren. Ich tat es und wunderte mich, wie leicht es klappte.

Im Fahrschulwagen vor mir sah ich den dicken Kopf von Uwe nicken, er war wohl doch zufrieden. Bis zur nächsten Kreuzung an einer Bundesstraße hatte ich noch einen Kilometer, den ich zum Anhalten und wieder anfahren nutzte. Es holperte mächtig, aber ich würgte den Motor nicht mehr ab.

Wir fuhren in einer Schlange von Pkws auf die nächste riesige Kreuzung zu. Hinter mir fuhr jemand mit seinem Wagen bis auf einen Meter an mich ran. Irgendwie fühlte ich mich bedrängt und schaut mich um, als ich stoppte. Konnte ich ja riskieren, ich stand ja. Der Fahrer hinter mir trommelte nervös auf seinem Lenkrad herum. Anscheinend war er sauer, dass ich nicht über die Autos vor mir fliegen konnte und ihn deshalb behinderte. Die Ampel wechselte auf Grün. Ich drückte mutig den ersten Gang rein. Nichts passierte. Nochmals fest und entschlossen auf den Hebel getreten. Der Gang ging nicht rein. Uwe war schon über die Kreuzung gefahren. Mit dem Mute der Verzweiflung hob ich den Hebel hoch und legte den zweiten Gang ein. Ruck, aus, der Motor stand. Neu gestartet. Wieder bekam ich den ersten Gang nicht rein. Noch einmal den zweiten Gang eingelegt. Würg! Hinter mir blökte die Hupe des nervösen Fahrers auf. Ich stand jetzt also circa

15 Meter vor der Kreuzung und kam nicht weg. Mein Hintermann spielte verrückt und machte mich vollends fertig.
Da erscholl die Stimme meines Herrn im Ohr: »Udo, mach dich nicht verrückt, alle sehen, dass du Anfänger bist!« Ich war kurz davor abzusteigen und die Maschine an den Rand zu schieben, so frustriert war ich. Aber irgendwie stieg Trotz in mir auf. Ganz langsam drehte ich mich um und schaute den wild gewordenen Fahrer an. Dann schüttelte ich langsam den Kopf und drehte mich nach vorn. Es herrschte Ruhe, und ich schien mich durchgesetzt zu haben. Als ich die Kupplung erneut zog, sprang auch der erste Gang rein und langsam rollte ich auf die Kreuzung zu. Ich wollte schon erleichtert Gas geben, da sah ich im letzten Moment, dass die Ampel noch rot war. Den Gang ließ ich aber drin, als ich wieder stoppte.
Der Rest der ersten Fahrt ging wieder übers Land, und mein Puls reduzierte seine Drehzahl von 450 wieder auf normal. Zum ersten Mal bekam ich nach diesem Frusterlebnis Spaß am Fahren. Als ich dann später Uwe von diesem Erlebnis erzählte, lachte er nur und meinte, er hätte genau gesehen, was ich für ein Problem gehabt hätte. Ich hätte aber völlig souverän gewirkt und er hätte sich keine Sorgen um mich gemacht. Für mein Alter hätte ich die erste Fahrstunde super hinter mich gebracht. Das lag allerdings nur daran, dass er mein Gesicht hinter dem beschlagenen Visier nicht sehen konnte. Außerdem habe ich mich gefragt und das auch später immer wieder, warum die Leute immer auf meinem Alter herumhackten, wenn es um die Fahrschule und das Motorradfahren geht.
Meiner Frau habe ich nur erzählt, dass alles glattgegangen sei. Absolut souverän hätte ich alle Schwierigkeiten gemeistert. Als ich dann allein war, bin ich sofort auf der Couch völlig platt eingeschlafen.
Mein Sohn hat sich natürlich wieder aufgeregt, weil mein Fahrlehrer zu hart mit mir rangegangen sei. In meinem Alter käme zuerst das Üben auf einem Parkplatz dran und dann die Straße. Danach könnte man ja auch die Stadt einbeziehen, so seine für mich völlig uninteressante Meinung.

220 Kilo Schwerkraft

Endlich Mut gefasst, endlich die Erkenntnis gewonnen, dass ich mit 67 noch nicht zu alt bin für solche Abenteuer. Auch in meinem Alter kann man sich noch seine Träume verwirklichen. Mir war klar, dass ich die Helikopterlizenz nicht mehr bekommen würde, ebenso wenig würde ich noch Tauchlehrer werden können. Aber 100 Pferde unter meinem Hintern bändigen, das war eine Aufgabe, die ich mir jetzt zutraute. Ein wirklich gutes Gefühl, das mir signalisierter: »Lebe einigermaßen vernünftig, sauf nicht, iss nicht zu viel und schmeiß auch keine Drogen ein!« Mit etwas Sport und dem nötigen Selbstbewusstsein konnte man in meinem Alter noch eine Menge bewegen. An diesem Gefühl hat sich bis heute nichts geändert.

Dieses positive Gefühl motivierte mich, in den nächsten Fahrstunden konzentriert ans Werk zu gehen. Ich wollte unbedingt zum Frühjahr den Schein in der Tasche haben und bereits einen Monat später eine große Tour fahren. Solche Pläne setzten sich bei mir fest und bestimmten meine Träume und Gespräche mit Freunden und natürlich mit meiner Frau. Ich gehe einmal davon aus, dass ich in den Monaten bis zur praktischen Prüfung vielen Leuten mit meiner Begeisterung auf die Nerven gegangen bin.

In den folgenden Wochen kam ich immer mehr in Schwung und die Fahrten wurden immer unterhaltsamer. Sogar die Autobahn mit 130 km/h zu befahren, war eine leichte Übung für mich. Solange es vorwärtsging, fühlte ich mich perfekt, sobald die Geschwindigkeit auf Fußgängertempo heruntergingen, hatte ich arge Probleme. Das ist allerdings normal, wie mir Uwe mitteilte.

Ein Unfall eines Fahrschülers, er fuhr bei einer Trainingsfahrt am Morgen der praktischen Prüfung ohne zu bremsen auf ein stehendes Fahrzeug auf, verzögerte die Ausbildung um einige Wochen. Zum Glück passierte ihm nicht allzu viel, denn er machte später mit mir die Prüfung. Meine Fahrschul-Honda war allerdings Schrott. Als die neue Maschine in der Garage stand, kam der Schnee, und eh ich mich versah, ging es auf

erst auf dem Arm meiner Frau loszuheulen.
Uwe verstand wohl etwas von Psychologie. Nochmals beruhigte er mich und tat das Ganze als Lappalie ab. Dann ließ er mich wieder auf das Motorrad steigen und erzählte mir beiläufig, dass solche Stürze Tagesgeschäft seien. Es wäre eigentlich noch nie etwas Schwerwiegendes passiert, ich müsse nur bei jedem Sturz die Füße schnell anziehen, damit der Motor oder Tank nicht darauf fallen könnten. Auf das »bei jedem Sturz« wollte ich nicht näher eingehen. Sollte es allerdings noch einmal passieren, würde ich meine Stiefel garantiert bis an den Hintern hochziehen.
Ich stieg auf, und da wir noch ein wenig Zeit hatten, fuhr ich weitere Brems- und Ausweichübungen, die aber bei höherer Geschwindigkeit abliefen. Damit hatte ich keinerlei Probleme. Dann gab er mir noch den wirklich guten Rat, niemals direkt vor das Motorrad beim Fahren zu schauen, sondern immer nur dahin, wohin ich fahren wolle. Das hätte er mir auch früher sagen können.
Meine Frau sah mir sofort an, dass etwas passiert war, als ich nach Hause kam. Sie hörte sich die Schilderung an, ich habe dabei wirklich nicht übertrieben, obwohl Männer ja in solchen Situationen gewöhnlich dick auftragen, und schaute sich den Knöchel an. Der war leicht geschwollen, aber noch funktionsfähig. Ich wäre für mein Alter aber noch ganz schön flink und fit, wenn ich den Aufprall beim Sturz so gut überstanden hätte, meinte sie, während sie mir ein Kühlpack auf den lädierten Knöchel legte. Schon wieder eine Anspielung auf mein Alter. Das ging mir langsam auf den Keks. Nächstens würden mir meine Kinder zu Weihnachten ein Bruchband, anstelle eines Nierengurtes, schenken.

Doppelt hält besser

In der ersten Woche im März 2012 kam endlich die ersehnte Nachricht, dass ich zur Prüfung vortanzen dürfte. Selbstverständlich wurde ich im selben Augenblick nervös. Den Umfaller im Schritttempo hatte ich zwar erfolgreich überwunden,

aber dieser Teil der Prüfung lag mir im Magen. Mit anderen Worten, ich war mir sicher, alle Teile der Prüfung ohne Probleme zu schaffen, nur das Wedeln zwischen den Hütchen machten mir Probleme. Ich sah den Erfolg meiner Prüfung in Gefahr.
Eine Woche vor der Prüfung trainierte ich verbissen den Slalomparcours. Inzwischen kam ich fast auf Schrittgeschwindigkeit herunter und Uwe war zufrieden. Dann probten wir noch einmal das Bremsen und Ausweichen bei hoher Geschwindigkeit. Auch das klappte dank ABS perfekt.
Zum Schluss sollte ich noch einmal Kreise mit Schräglage fahren, und zwar langsam, so als ob ich auf einer Straße wenden wolle.
Ich war mit mir zufrieden, denn die Kreise waren entsprachen genau den Anweisungen. Aber Uwe war nicht glücklich mit meiner Leistung. Er beobachtete mich kritisch und schrie mir etwas zu, als ich an ihm vorbei fuhr. Ich verstand natürlich unter meinem Visier nichts, außerdem habe ich nicht die besten Ohren, was ja auch normal in meinem Alter ist. Daher drehte ich meinen Kopf und blickte zurück über meine Schultern, damit er die Anweisungen wiederholen würde. Das hätte ich besser bleiben lassen, denn schon wieder blickte ich erstaunt in den blauen Himmel. Diesmal allerdings hatte ich richtig reagiert. Ich stieß mich seitwärts ab, die Beine flogen in die Luft und wie ein Judokämpfer rollte ich mich nahezu schmerzfrei ab. Mit Sicherheit hätte ich eine hohe B-Note beim Bodenturnen bekommen, aber ich war ja mit Uwe allein, kein Kampfrichter war zugegen.
Wutschnaubend sprang ich auf und fluchte wie ein ukrainischer Abgeordneter während einer Parlamentssitzung. Das Sch···-Wort war dabei noch das harmloseste. Mit einem Ruck riss ich das Visier hoch und schimpfte weiter vor mich hin. Uwe stand breitbeinig neben dem Motorrad und stellte es wieder auf die Beine. Ganz ruhig sagte er zu mir: »Das solltest du bei der Prüfung besser lassen, denn dann hast du ganz schlechte Karten!« Meine Erklärung wegen des Schulterblicks akzeptierte er mit einem Schulterzucken.
Ich war unglaublich sauer auf mich. Von Schock keine Spur, nur Zorn wegen meiner Blödheit. Ohne zu warten, stieg ich

wieder auf die Yamaha und fuhr los. Danach drehte ich meine Kreise in Schräglage, ohne dass irgendetwas passierte. Uwe nickte nur und meinte, dass ich das so lassen könne.

Die Prüfung

Eine theoretische Prüfung ist die eine Sache, die praktische dagegen eine ganz andere Angelegenheit. Beim Anklicken von Kästchen hinter der vermeintlich richtigen Antwort ist man allein mit sich selbst. Jede Antwort kann bei der Überprüfung noch einmal korrigiert werden. Das geht bei der praktischen Prüfung nicht. Man wird von mindestens zwei Augenpaaren beobachtet, eine mehr oder minder störrische Maschine will gezähmt werden und dann hat man noch den kompletten Verkehr gegen sich.

Zur Aufmunterung am Prüfungstag kommt dann noch so ein Spruch vom Fahrlehrer: »Du musst einfach nur die Ruhe bewahren!«

Ich weiß nicht, von welcher Ruhe er sprach, als er diesen Satz sagte. Ich konnte keine erkennen. Als er mir dann noch erklärte, dass dieser Prüfer ganz bestimmte Fehlerchen mit dem sofortigen Aus quittieren würde, war ich nicht nur nicht ruhig, sondern an meinem Akku lag eine Spannung von 220 Volt.

Es kam aber ganz anders, als erwartet. Wir trafen den Mann vom TÜV auf meinem Crashplatz, also dem Platz mit persönlichen Sturzerfahrungen. Aber es folgte noch keine Prüfungsfahrt, sondern ein Lkw-Fahrer wurde vor mir auf Herz und Nieren geprüft. Ein Truck stand abseits und der Prüfling mit rudimentären Deutschkenntnissen stand dem Prüfer Rede und Antwort. Das konnte ich aus seinen Gesten erkennen, denn ich verstand ihn gar nicht. Aber selbst, wenn er gutes Deutsch gesprochen hätte, ich hätte sicherlich genau so wenig verstanden. Aber, zu meinem Erstaunen, bestand er die Prüfung. Der Prüfer meckerte auch nicht, dass er viele Antworten von einem Zettel ablas.

So schlimm war er also doch nicht!

Dann kam ich dran. Ich wollte ihm eigentlich vorschlagen, die

Motorradprüfung genauso durchzuführen, wie die bei dem Lkw-Fahrer. Aber Uwe meinte, dass der auch noch fahren müsse. Pech gehabt!
Dann ging es los. Meine Yamaha sprang brav an und ich fuhr zum Glück erst einmal ein paar Kreise, ohne dass ich unterbrochen wurde. Ich fiel auch nicht runter. Bei einem flüchtigen Seitenblick sah ich, dass sich die beiden angeregt unterhielten und meine wunderbaren Pirouetten unbemerkt blieben. Ausweichmanöver, Notbremsungen und Beschleunigungen klappten auch, der Prüfer schien zufrieden, denn er sabbelte weiter mit Uwe.
So langsam wurde ich ruhiger.
Dann folgte der Slalomkurs. Ich hatte ja gehofft, dass er den vergessen würde, aber da hatte ich mich getäuscht.
Voll konzentriert fuhr ich auf die Hütchen zu und fuhr mit schleifender Kupplung durch die Lücken. Uwe lief hinter mir her und sammelte bereits die Hütchen auf. Fertig! Ich weiß bis heute nicht, ob ich welche umgefahren habe, aber als ich zurückfuhr zum Prüfer, waren beide wieder in ein Gespräch vertieft.
Die Fahrt durch die Stadt lief prima, da ich genau die Strecke fuhr, die mein Fahrlehrer vorher mit mir geübt hatte. Er kannte ganz genau die Vorlieben des Mannes vom TÜV. Sie bemerkten auch nicht, dass ich den ersten Gang mal wieder nicht schalten konnte und daher immer im zweiten Gang anfahren musste. Erst nach bestandener Prüfung zeigt mit mein Ex-Prüfer, wie ich dieses Problem lösen könnte.
Die Prüfungsfahrt endete ohne Katastrophe und der Prüfer kam auf mich zu und überreichte mir den neuen Führerschein. Ich war so happy, dass ich überlegte, ihm einen Euro zu schenken, damit er sich was kaufen könnte. Aber das wäre ja wohl Bestechung gewesen. Also ließ ich es.
Morgen würde ich meine neue Honda CBF1000 abholen, denn die Straßen warteten auf mich!

Kapitel 7 - Oldie on the road

Es hat 24614 Tage oder 3516 Wochen oder mehr als 67 Jahre gedauert, bis ich endlich auf mein eigenes Motorrad steigen konnte. Das ist eine ziemlich lange Zeit, und daher habe ich mir auch das Recht herausgenommen, mich unbändig über dieses Ereignis zu freuen.

Als ich später meiner Frau stumm das neue Plastikkärtchen unter die Nase hielt, auf dem deutlich das A für den Motorradführerschein zu erkennen war, war sie total aus dem Häuschen. Ich hatte ihr natürlich nichts von der praktischen Prüfung erzählt. Aus Feigheit, ja aus Angst vor dem Versagen, hatte ich ihr den Prüfungstag als normalen Übungstag verkauft. Spontan riet sie mir: »Warte nicht mehr lange und ruf sofort bei Honda an, damit du endlich deine Maschine abholen kannst und wieder ruhig schläfst!« Diese praktische Art an ihr schätzte und schätze ich besonders.

Ich muss gestehen, ich habe mich über den erweiterten Führerschein gefreut, wie ein kleiner Junge, der seine erste Märklineisenbahn zu Weihnachten bekommt. Wobei sich die Väter in der Regel noch mehr freuen, da sie nun endlich wieder wie kleine Jungs spielen konnten. Der Gedanke daran, dass ich in einigen Tagen ein schönes und starkes Motorrad vor der Tür stehen hätte, hob mich fast auf Wolke Sieben. Ich habe mich wirklich gefragt, ob mein übersteigertes Gefühl nicht kindisch ist, oder ob ich noch richtig ticke. Ein neuer 300 PS Sportwagen vor der Tür hätte nicht annähernd diese Begeisterung hervorrufen können, wie die Vorfreude auf das neue Motorrad. Nun gut, ich besitze Autos seit über 45 Jahren und habe mich einfach an sie gewöhnt.

Irgendwann später habe ich aufgegeben, nach den Gründen für meine Motorradbegeisterung zu suchen, und dieses Gefühl einfach akzeptiert und genossen. Daran hat sich bis heute nichts geändert. Vielleicht bin ich der Marlboro-Cowboy auf dem Pferd und empfinde dieses Gefühl von Freiheit und Naturnähe in Verbindung mit dem Biken besonders intensiv. Natürlich ohne Kippe im Gesicht.

Mein so kritischer Sohn sagte erst einmal gar nichts, als ich ihm von der bestandenen Prüfung erzählte. Er musste sich sammeln und schwieg eine kleine Weile am Telefon, denn er wusste, dass ich mich seiner Meinung nach in große Gefahr begeben würde. Bevor er aber den Doktorhut aufsetzen konnte, um eine Vorlesung über die Gefahren des Bikens im Allgemeinen und über die zusätzlichen Risiken aufgrund meines Alters im Speziellen zu halten, legte ich auf. Die gute Laune wollte ich mir nicht verderben lassen.

Mein Freund Werner, der immer noch zwei dicke BMWs in der Garage stehen hat, klatschte mir begeistert immer wieder auf die Schultern, als ich ihm von der bestandenen Prüfung erzählte. Er konnte mich sehr gut verstehen und sagte voraus, dass dieses Gefühl nie vergehen würde. Selbst nach zig Jahren verspüre er unverändert und elementar den Drang, aufs Bike zu steigen und mit seiner Frau glücklich davonzubrausen. Seine aktuelle Begeisterung war allerdings auch auf egoistische Beweggründe zurückzuführen. In Zukunft würden wir mit zwei gleichwertigen Maschinen längere Touren unternehmen, und er brauchte nicht mehr auf jedem Hügel einen Stopp einzulegen, um auf mich zu warten.

Wenn ich noch 40 Jahre meines Lebens auf dem Motorrad schaffen wollte, musste ich sofort mit dem Fahren anfangen.

Pferde traben – Engel schieben

Noch am Tag der Prüfung wählte ich mittags aufgeregt die Telefonnummer von Honda in Solingen. Schließlich musste ich an kompetenter Stelle loswerden, dass sie sich langsam von ihrem/meinem Motorrad verabschieden müssten. Eine mir fremde Frauenstimme meldete sich mit »Czybulski, guten Tag!« Schweigen, dann holte ich Luft und grüßte zurück. »Können Sie mich bitte mit Sebastian verbinden?«, fragte ich höflich. Schweigen! »Wen bitte wollen sie sprechen?«, ertönte es durch die Leitung. »Ich möchte mit Sebastian in der Motorradabteilung verbunden werden«, flötete ich zurück. »Wir haben hier keine Motorradabteilung und auch keinen Sebastian. Sie sind mit dem Sozialamt der Stadt Solingen verbunden«. Ich entschuldigte mich sofort und legte auf, denn soweit mir bekannt war, bietet das Sozialamt keine Motorräder an.

Beim zweiten etwas konzentrierteren Wählversuch klappte es besser. Triumphierend ließ ich die Neuigkeit ab und nahm die Glückwünsche entgegen. Dann verabredeten wir uns für den kommenden Morgen, um die Formalitäten für die Auslieferung zu erledigen.

Um Punkt 9:00 Uhr stand ich mit meinem »Noch-Roller« vor der Ausstellungshalle, um Punkt 9:02 Uhr hatte ich die Versicherungsnummer und den Personalausweis abgegeben. Dann gegen 9:30 Uhr waren alle Formalitäten erledigt. Der Übergabetermin wurde auf den folgenden Tag festgelegt. Länger wäre ich auch nicht bereit gewesen, zu warten.

Beladen mit den guten Wünschen meiner Ulrike, machte ich am nächsten Morgen die letzte Fahrt mit meinem Roller, um mein blaues Wunder abzuholen. Irgendwie tat mir die schöne, noch fast neue S-Wing leid; ausgeliebt, abgelegt und ersetzt. Aber der Gedanke an den ersten Ausritt mit meiner neuen Honda unterdrückte mein schlechtes Gewissen.

Bei meinem Händler in Solingen ging alles wie geschmiert. Es dauerte genau 30 Minuten, dann war ich der neue Besitzer der überirdisch blauen CBF1000. Aus Sicherheitsgründen hatten mir die Jungs noch Neonreflektoren vor den Spiegel geklebt. Uwe, mein Ex-Fahrlehrer hatte mir dazu geraten. Die Übergabeprozedur war völlig unspektakulär, kein Violinenkonzert des städtischen Symphonieorchesters oder wenigstens eine Blaskapelle der Freiwilligen Feuerwehr untermalten die Fahrzeugübergabe.

Da mein Sohn mir zu Weihnachten bereits ein Reparaturhandbuch für mein Motorrad anstelle eines Bruchbandes für weiche Leisten geschenkt hatte, war ich bestens über die einzelnen Funktionen der Bedienerteile informiert. Als Christian der Chefmechaniker aus der Werkstatt die Tür hinter sich zuzog, war ich mit meiner schönen Blauen allein. Natürlich standen alle Spezies, die mit meinem Motorradkauf zu tun hatten, in gebührendem Abstand hinter den Fenstern des Ausstellungsraumes und beobachteten mich. Aber ich war keineswegs nervös, da ich ja auf einer ähnlichen Maschine meine

Prüfung gemacht hatte. Aufsitzen, Ständer eingeklappt, Starten, Gang rein (Krach!) und dann losgefahren. Es gab nichts zu bemängeln. Während der Fahrt durch Solingen schaltete ich rauf und runter und blieb in den tiefen Drehzahlen und immer unter 50 km/h. Das fluppte fantastisch, und ich fühlte mich wie im siebten Himmel.
Nun ja, es musste ja irgendwann passieren, warum nicht jetzt. Rund 100 PS, oder wenigstens ein paar Pferdchen davon, wollten sich ja auch mal zeigen. Das konnten sie, als ich auf die Schnellstraße auf Wuppertals Höhen einbog. Zweimal nach unten in den vierten Gang getreten und dann mutig am Gashebel gedreht. Oh Schreck, meine Arme wurden immer länger, irgendetwas trat mir heftig in den Rücken und schob mich mit Engelsgewalt an. In Sekundenbruchteilen war ich über 100 km/h und musste ganz schnell wieder abbremsen. Meine Hände krallten sich um die Lenkerenden und ich rang nach Luft. Was ich in dem Moment erlebt hatte, kann ich nicht mit Worten beschreiben. Der Motor erzeugte leise säuselnd einen Druck nach vorn, wie ich ihn noch nie erlebt hatte. Ich riss mich zusammen und fuhr gesittet weiter in Richtung Heimat. An diese Power musste ich mich erst gewöhnen und mich ganz langsam an dieses Leistungspotenzial heranarbeiten. Aber es war gut, zu wissen, was für ein Ungeheuer ich unter meinem Hintern hatte. Da durften mich ruhig alle überholen, selbst kleine Mopeds. Ich könnte ja, wenn ich wollte!

Endlich emanzipiert

»Da bist du ja endlich am Ziel deiner Sehnsüchte. Ist der kleine Junge jetzt mit seinem neuen Spielzeug glücklich?« Mit diesen Worten begrüßte mich meine Frau auf dem Parkplatz vor unserem Haus. Ich fummelte mit meiner Stiefelspitze den Seitenständer nach unten, stellte die Maschine schräg und schwang mich lässig aus dem Sattel. Beinahe hätte ich noch anerkennend auf den Sattel beziehungsweise den Fahrersitz geklopft. Spontan nahm ich meine Frau in den Arm und sagte ihr, dass ich ihr für alles danken würde. Ohne ihre aktive

Mithilfe wäre ich nie auf die Idee gekommen, mit 67 auf ein so großes und starkes Motorrad zu steigen. Da hatte ich doch jede Menge Fremdschub benötigt.
Am nächsten Tag wollte ich es denen mal zeigen. Mit »denen« meine ich die Bikerfreaks am Baldeneysee. Bei den ersten Besuchen dort hatte ich meinen Roller brav abseits geparkt, da er ziemlich erbärmlich zwischen einer Harley und einer Goldwing aussah. Später war mir das ziemlich egal, da ich ja wusste, was noch auf mich zukommen würde. Außerdem hat sich nie jemand an meinem kleinen Roller gestört. Es war nur meine eigene Unsicherheit, die mir diesen Komplex verpasste.
Jetzt sah die Sache anders aus. Ich rollte bei bestem Wetter nachmittags die 30 Kilometer nach Essen und bog auf den Parkplatz von Haus Scheppen ein. Der war gerammelt voll, eine Maschine stand neben der anderen. Für mich war völlig unverständlich, dass sich kein Spalier bildete, um mich zu begrüßen und zu bestaunen. Anscheinend war ich nur einer unter vielen. Ich suchte mir vorsichtig eine Lücke und hielt vor einer Gruppe von älteren Bikern, die sich halbkreisförmig mit dem Gesicht zum Parkplatz auf Stühlen dort platziert hatte. Diese Biker der ersten Generation waren noch im Look der späten sechziger Jahre gekleidet. Sie trugen speckige Lederjacken und Lederhosen mit Fransen an den Nähten, wie Cowboys in einem Wildwest-Zirkus. Dazu passte der inzwischen grau gewordene Bart. Die immer lichter werdenden strähnigen und schulterlangen Haare auf dem Kopf sahen ein wenig verloren aus. Aber dabei ging es wohl ums Prinzip und nicht ums Aussehen. Man drückte eine unwiderrufliche Grundeinstellung zum Leben aus. Beeindruckend.
Wahrscheinlich saßen sie schon seit Jahren dort und beobachteten die Szene. Natürlich wurde gelästert, was das Zeug hielt. Als ich meine Maschine abstellte und mich umschaute, eigentlich musste ja jetzt alles verstummen, weil ich ja mit einer so tollen Maschine gekommen war, ertönte ein lauter Kommentar aus ihrer Mitte. »Ey Jung, watt hasse denn da für gelbe Lappen anne Spiegel. Sind die vom Versandhaus oder von UPS oder wovon?« Einigermaßen verunsichert starrte ich den Kommentator an und ignorierte das Feixen der anderen.

»Nä ährlich, watt willze denn damit?, fragte der Ledermann nochmals, aber etwas lauter. Im Showgeschäft braucht man ja Publikum.
Auf Sachlichkeit bedacht, antwortete ich tapfer: »Das hat man mir empfohlen, damit der Gegenverkehr mich bei schlechtem Wetter sieht!« Meine Antwort schien total daneben zu sein, denn die versammelte Mannschaft wieherte los wie eine Pferdeherde. Leicht angesäuert wollte ich mich schon abwenden, da rief mir der nämliche Kommentator zu, dass ich mal rüberkommen solle. Da ich eigentlich nicht feige bin, folgte ich der Einladung und ging zu ihnen. Dabei setzte ich meinen Helm ab. Aha, jetzt sahen sie, dass ich kein »Jung« mehr war, sondern mindestens so alt war wie sie.
»Komm sättich ma bei uns bei, wir wollten dich nicht verkackeiern«, sagte ein anderer, der von der gleichen Spezies war. »Den ganzen Krimskrams anne Maschine kannze dich ächt spahn«, meinte er und zog an seiner Selbstgedrehten. Ich setzte mich und fragte höflich, warum er denn die neuesten wissenschaftlichen Erkenntnisse ignorieren würde. »Hömma«, sagte ein anderer in reinem Ruhrpottdeutsch, »wennze nich aufe Schnauze krachen willz, dann fahr piano«. Ich war beeindruckt, dass er das Fremdwort für Klavier kannte und nickte tapfer.
Als wir uns eine Weile unterhalten hatten, merkte ich, dass sie mich eigentlich nur ein wenig auf den Arm nehmen wollten. Ihnen juckte einfach das Fell. Was sie mir allerdings voraus hatten, war, dass sie wirklich schon seit den Sechzigern auf der Landstraße mit ihren Motorrädern unterwegs waren. Und was waren das für Maschinen. Sie hatten Motoren wie Aktenschränke und wirkten klobig und antik, besaßen Speichenräder und riesige Scheinwerfer. Im Gespräch erklärten sie mir, dass sie ihre Motorräder immer selbst warteten und diese für keinen Preis hergeben würden. Sie wären quasi mit ihnen verheiratet. Mein Motorrad gefiel ihnen übrigens sehr, und sie meinten, da würde ich noch reinwachsen. Auf die Frage, bis zu welchem Alter sie denn fahren würden, kam postwendend die Antwort: »Solange ich keinen Katha äh Kathä, äh son Schlauch am Schniedel zwischen den Beinen tragen muss, fahre ich mein Bike!« Dem war nichts hinzuzufügen. Al-

tersbeschränkungen gäbe es einfach nicht!
Als ich aufstand, um mir ein Eis zu holen, riefen sie mir nach, dass ich was zu trinken mitbringen solle. Bikerbrause wäre aktuell angesagt. Ich hatte keine Ahnung, was das sein sollte, und bestellte am Tresen einfach diese ominöse Brause. Mit fünf Flaschen Bier, wer sagt schon Bier, und einem Eis kam ich dann zurück. Sie fanden es ganz normal, dass ich sie eingeladen hatte, und schüttelten zustimmend ihre wenigen Haare. Schließlich stellten sie mir ja ihr geballtes Wissen in einer Bikypedia über Motorräder und Motorradtouren zur Verfügung.
Der Nachmittag ging rasend schnell vorbei und die Unterhaltung mit den netten älteren Bikern war ausgesprochen unterhaltsam und einseitig. Sie erzählten, ich schwieg und stieß nur Laute der Bewunderung aus. Zwischendurch bekam ich sogar eine Schale Currywurst mit Pommes rotweiß ausgegeben. Mit Sodbrennen und einem guten Gefühl fuhr ich dann nach Hause. Man würde sich halt wieder treffen.

Verdammte Schwerkraft

Popeye hat es ja echt drauf. Dose auf, Spinat rein und auf die Arme schauen. Die werden in Sekunden auch ohne Muckibude aufgebläht, wie bei Mr. Universum. 250 Kilo Gewicht sind kein Problem und ein Vorschlaghammer wird mal eben in die Erdumlaufbahn geschleudert.
Ich kann so etwas nicht. Wirklich! Natürlich kann ich Spinat kiloweise essen, vor dem Spiegel passiert mit meinen Armen nichts. Meine Frau heißt ja auch nicht Olivia, sondern Ulrike. Aber daran kann es ja nicht liegen.
Ich hätte das beherzigen sollen, als ich am Abend von der ersten Ausfahrt mit der Honda nach Hause gekommen war. Euphorisch erzählte ich Ulrike beim Abendessen von meinen Begegnungen am Baldeneysee und wie fantastisch die neue Maschine fährt. Es wurde bereits dunkel und plötzlich fiel mir ein, dass ich das Motorrad noch nicht abgedeckt hatte. Ich stand auf und ging auf den Parkplatz vor dem Haus. Die Hon-

Seit 50 Jahren gegen jeden Angriff gewappnet.

HI
LO

da stand ziemlich unordentlich aufgebockt hinter meinem Auto rum. Ich wollte auf keinen Fall gleich am ersten Abend herumschludern und überlegte, wie ich sie jetzt gerade hinstellen könnte. Erst dann würde ich sie mit der Plane abdecken.

Entschlossen packte ich den Lenker an beiden Enden, um mit einer schaukelnden Bewegung die Honda abzubocken. Das klappte auch sofort, die Maschine verließ ihren sicheren Standort. Meine Hausschlappen überlegten nicht lange, sondern machten das gleiche. Sie verließen ihre sichere Position. Somit stand ich auf Socken neben dem Motorrad. Das fand ich sehr merkwürdig und schaute an mir herunter. Das tat die Maschine auch und um besser sehen zu können, neigte sie sich zur Seite.

Für Isaac Newton war der fallende Apfel von einem Baum der Anstoß, sich über die Schwerkraft Gedanken zu machen. Ich lernte die Schwerkraft auf etwas drastischere Weise kennen, als sich nämlich die Honda unsanft weiter in Richtung Boden bewegte. Auch Spinat hätte mir da nicht helfen können. Aus Solidarität legte ich mich gleich neben die Honda und fluchte leise. Lautes Fluchen hätte man in der Nachbarschaft ja hören können. Wenn das geschehen wäre, wäre mein Ruf ruiniert gewesen. »Siehst du Egon, ich habe dir immer gesagt, Motorradfahren ist saugefährlich. Lass die Finger davon«, wäre sicher einer der netten Sprüche gewesen, die hinter meinem Rücken die Runde gemacht hätte.

Nein, ich rappelte mich hoch und zog die verdammten Pantoffel unter der Honda hervor, zog sie an, bückte mich und versuchte die Maschine hochzuheben. Mein Rücken ächzte und knackte, der Honda gefiel es in der horizontalen Position besser. Es fing leicht an, nach Benzin zu stinken, da einige Tropfen aus dem Motor liefen.

So langsam wurde mir klar, dass ich das Motorrad nicht so liegen lassen konnte, und schaute mich um. Etwas weiter entfernt ging mein Nachbar mit seinem Hund spazieren. Der hatte aber Rücken und durfte nicht schwer heben. Außerdem wäre die Geschichte noch am gleichen Abend in allen Haushalten im näheren Umkreis bekannt geworden. Das wollte ich aber aus naheliegenden Gründen nicht.

Mein Freund Werner, der mit den beiden BMWs in der Garage, war erreichbar. Ich rief ihn an und bat ihn, mir zu helfen. Nach drei Minuten war er da. Zu Zweit hoben wir die Honda an und stellten sie auf die Beine.
Danach inspizierte wir die Karosserie. Ein paar kleine Kollateralschäden waren sichtbar. Spiegelaußenseite war zerkratzt, und auch zwei weitere kleine Stellen am Tank und der Verkleidung. Der eigentlich schwarze Sturzbügel hatte blanke Stellen und mein Ego hatte eine dicke Delle. Werner meinte nur, dass ihm das schon mehrfach passiert sei. Aber so dämlich wie ich, wäre er noch nie gewesen. Mit Schlappen ein schweres Motorrad zu bewegen sei sehr mutig. Das sollte ich besser in Zukunft lassen.
Den Rat habe ich bis heute befolgt. Die Kratzer am Sturzbügel habe wir dann mit schwarzem Lack ausgebessert und für den Lack am Tank kaufte ich einen teuren Lackstift. Der liegt unbenutzt in der Schublade meines Schreibtisches. So eine Macke gibt doch auch was her. Das ist wie eine geschwollene Nase nach einem Titelkampf im Boxsport.
Übrigens: Beim ADAC lernt man in einem Sicherheitskurs auch, wie man ein liegendes Motorrad allein wieder hinstellen kann. Das klappt ganz ohne Spinat.

Spiel nicht mehr mit dem

Kauft sich jemand ein Fahrrad, ist das normal und wird von der Nachbarschaft zur Kenntnis genommen. Vielleicht wird hinter dem Rücken noch ein wenig gelästert, da man ab einem bestimmten Alter ja besser ein Dreirad oder Rollator nehmen sollte.
Kauft sich jemand wie ich einen Roller, wird die Sache schon interessanter für die liebe Nachbarschaft und die lieben Verwandten. »Der hat es wohl noch nötig in seinem Alter«, oder »vielleicht klappt ja sonst nichts mehr, da muss er sich auf andere Weise beweisen«, sind nur zwei mögliche Sprüche aus einer unendlichen Liste von möglichen Lästervorlagen. Die Ehefrau bekommt auch noch ihr Fett weg. »Dass die dem das

erlaubt, nicht zu glauben. Vielleicht will sie ihn ja los werden«, sind weitere typische liebevolle Bemerkungen von lieben Nachbarinnen.

Wagt aber jemand, mit 67 sich ein krawalliges Motorrad zuzulegen, dann geht die Post ab. Das blanke Entsetzen geht um. Ehemännern werden quasi die Augen zugehalten und Einladungen zum Grillen müssen um einige Monate verschoben werden. Vielleicht hat sich dann ja die Sache von selbst erledigt und ein Streckverband kickt einen von der Einladungsliste.

Mit anderen Worten, ich war in den Augen vieler Mitmenschen ein Fall für die Psychiatrie. Völlig durchgeknallt würde ich dem sicheren Ende entgegen rasen. Gänzlich unverständlich war dann zusätzlich das Verhalten meiner Frau. Dass die mich nicht in den Griff bekommen würde, ließ ja tief blicken. Irgendetwas mit uns könnte dann ja wohl nicht stimmen. Verstärkt wurde ihre Ansicht durch die Tatsache, dass sie sich auch noch hinter diesen Lebensmüden aufs Motorrad setzte.

Auf jeden Fall sollte ein Gedankenaustausch zwischen mir und bestimmten, im noch fahrtüchtigen Motorradalter befindlichen Ehemännern, unterbunden werden. Das klappt natürlich nicht und manch einer meiner männlichen Nachbarn kam vorbei und setzte sich probeweise auf mein aufgebocktes Bike. Das Angebot von mir, doch mal eine Runde zu drehen, wurde hastig abgelehnt, da man jetzt keine Zeit hätte. Ich bin sicher, sie haben in der nächsten Nacht von einer Riesentour auf zwei Rädern geträumt. Auch habe ich nie einen bissigen Kommentar von ihnen gehört.

Ein netter Nachbar, der mal gerade die 40 überschritten hatte, sprach mich mehrfach auf mein neues Gefährt an. Er war äußerst interessiert. Tage später stand ein Quad vor der Tür. Er erklärte mir, dass er ja auch mit seiner kleinen Tochter fahren würde und daher auf Nummer sicher gehen wolle. Gut so! Er würde sicherlich irgendwann auf den rechten Weg kommen.

Allerdings gab es auch jede Menge Mitbewohner in meiner Straße, die plötzlich ihre bisher verborgenen Bikergene zeigten. Sie fuhren mit kurzen Gasstößen und heulendem Motor winkend an mir vorbei, oder kamen, um mit mir zu

quatschen. Ein netter, aber sehr zurückhaltender Nachbar, der ab und zu seinen Hund hinter sich herzieht, sprach mich spontan an. Ich hätte ja ein geiles Teil auf dem Parkplatz. Er wäre übrigens auch Biker, ein Schön-Wetter-Biker. Denn für Regen wäre seine »Ssäwen fiffti«, zu schade. Diese Bezeichnung kannte ich nicht und sagte mir genauso viel wie eine doppelt gefaltete Digitalmuffe. Oder meinte er vielleicht sieben Hunde (seven fiffis)? Als er meine ignorante Reaktion sah, zog er leicht die Augenbrauen hoch und klärte mich auf. Sevenfifty, zusammen geschrieben, bezeichnet liebevoll eine ältere 750er Honda mit vier Zylindern. Sie besitzt einen absoluten Klassikerstatus. Die fährt man nicht, die zelebriert man. Da kommt auch kein Benzin rein, sondern Weihwasser. Wir verabredeten uns für eine zukünftige »Schön-Wetter-Fahrt«.
Die Reaktionen in meiner Familie konnten sich auch sehen lassen. Der älteste Bruder, schon 79, gratulierte mir. Er ist selbst noch aktiver Biker und hat sein Leben lang eine BMW gefahren. Wer mit 72 auf seinem Motorrad von München nach Südspanien fährt, findet es ganz normal, wenn ich in meinem Alter Ähnliches mache. Auf meine Frage, wie lange er glaubt, dass er noch fahren könne, kam prompt die Antwort: »Solange ich mit rechts am Lenker Gas geben kann, sitze ich hinterm Tank!«
Der andere Bruder, sieben Jahre älter als ich, bekam einen Anfall. Er käme vorbei und würde meine Reste von der Straße kratzen. Ich wäre wohl total irre geworden und sollte sofort mit dem Blödsinn aufhören. Sätze wie, »du kannst nicht mit Anstand alt werden« oder, »wem willst du in deinem Alter noch etwas beweisen«, rundeten seine Tiraden ab. Ich glaube, er tobt heute noch.
Viele meiner männlichen Bekannten in meinem Alter ohne A-Lizenz hatten aber großes Verständnis mit mir. Sie gaben unumwunden zu, dass sie meinen Mut bewunderten. Dazu würde ihnen der Schneid fehlen, und eine Unterstützung durch die bessere Hälfte könnten sie nicht erwarten. Die Altersgruppe zwischen 40 und 50 schüttelte dagegen mehrheitlich den Kopf und lehnte mein neues Hobby ab. Ich muss gestehen, es war mir egal.

Die Kreise werden größer

Nach der Erfahrung »kleiner Roller = kleine Touren« war für mich klar, dass jetzt mit der großen Maschine auch große Touren fällig würden. Allerdings war ich durch meine Rollerfahrt nach Holland gewarnt, bei der ich ja richtig Lehrgeld gezahlt hatte.

Was blieb mir anderes übrig, als mich an längere Distanzen heranzuarbeiten. Außerdem wusste ich noch nicht, wie der Soziusbetrieb mit zwei Personen sich auf meine Kondition auswirken würde.

Beim ADAC gibt es ja wunderbare Tourenkarten, die das Herz eines jeden Bikers höher schlagen lassen. Das Gleiche leisten allerdings auch viele Motorradzeitschriften, die speziell Touren mit kleinen Kartenausschnitten anbieten. Diese kann man dann heraustrennen und in einer transparenten Hülle auf dem Tankrucksack bei der Fahrt benutzen.

Karten lesen beim Fahren ist allerdings problematisch, ein Navigationssystem dagegen teuer. Ich wollte solch eine elektronische Hilfe allerdings auch nicht benutzen, da es mir zu starke Fesseln anlegte. Fahren in grober Richtung nach Ortsschildern und innerem Kompass liegt mir prinzipiell mehr, da ich auch Überraschungsmomente liebe.

Bevorzugte Gebiete meiner erweiterten Touren waren für mich am Anfang meiner Bikerkarriere das Sauerland, die Eifel plus Mosel und das nördliche Ruhrgebiet bis Münster. Zwischenzeitlich steigerte ich die Tagesleistung nach und nach auf 300 km und mehr. Dabei merkte ich, dass man das Fahren mit dem Roller überhaupt nicht mit dem Fahren auf einer größeren Maschine vergleichen konnte. Selbst nach mehreren Stunden stieg ich entspannt vom Bike und hätte ohne Probleme weiterfahren können. Das war der Vorteil einer schweren Maschine, die mit großen Rädern unbeirrt die Landstraßen platt bügelt und ohne große Korrekturen wunderbar geradeaus läuft.

Entspanntes Fahren musste ich aber erst lernen, und es stellte sich erst nach einigen Tausend Kilometern ein. Dabei waren die vielen Hunderttausend Kilometer mit dem PKW eher ein

Hindernis, als eine Hilfe. Allein das Fahren vor, in und aus Kurven heraus ist mit einem Motorrad eine völlig andere Sache, als mit einem Auto. Natürlich habe ich mir als ehemaliger Pauker entsprechende Literatur gekauft, in der ich wunderbare Anleitungen und Skizzen zur Bewältigung der verschiedenen Kurventypen durchgeackert habe. Den Versuch, mit der linken Hand das Lehrbuch haltend, lesend durch eine Kurve zu fahren, habe ich aber aus naheliegenden Gründen gelassen. Da war mir die Theorie doch zu grau.

Der ADAC bietet Fahrsicherheitskurse an, in denen man unter professioneller Anleitung die Lücken in der Praxis füllen kann. Diese Kurse kann ich nur empfehlen, sie haben mir geholfen, das mühsame Selbststudium abzukürzen. Autobahnen benutzte ich nur, um rasch in ein Zielgebiet zu gelangen, um dort die eigentliche Tour zu beginnen. Das ist besonders empfehlenswert, wenn man nur eine Tagestour fahren will. Allerdings gibt es für mich nichts Langweiligeres, als geradeaus zu fahren. Ich war immer froh, wenn ich den Blinker für die Ausfahrt setzen konnte.

Sportliches Fahren ist etwas für erfahrene Biker. Aus Sicherheitsgründen, auch Schiss genannt, habe ich diese Fahrweise anfangs absolut vermieden. Schräglagen in Kurven wagte ich nur in Ausnahmesituationen. Da ich in Sachen Kurventechnik noch nicht besonders firm und mutig war, kam ich nur in Schräglage, wenn es nicht mehr anders ging. Motorradeinsteiger kennen sicher das Gefühl, wenn man eine Kurve nicht richtig angesteuert hat. Der Mittelstreifen kommt auf einen zu und erzählt einem blitzschnell, dass man gleich dem Kühlergrill eines entgegenkommenden Fahrzeugs guten Tag sagt, wenn man nicht schleunigst den Radius verringert. Dann muss mutig stärker eingelenkt und die Schräglage vergrößert werden. Allein diese Situationen haben mich bewogen, dringend mehrere Trainingskurse beim ADAC zu buchen.

Ich halte es übrigens nicht für einen Makel, wenn der Angststreifen auf den Reifen immer noch fast genau durch die Mitte läuft. Wenn ich sehe, wie andere eine schwarze Spur in eine Kurve legen, finde ich das prima, aber ich traue mich so etwas nicht. Trotzdem komme ich flott vorwärts.

Bei meinem Freund, der ja seit 40 Jahren Motorrad fährt, sind die Reifen auch an den Seiten abgefahren. Ein Beweis, dass er sich richtig in die Kurven hineinlegt. Mal sehen, wie in 20 Jahren meine Reifen aussehen.
Meine erste lange Tour machte ich mit meiner Honda an die Nordseeküste. Diese Fahrt war ein Knaller. Bis Emden in einem Rutsch durchgefahren, und dann nur kleinste Straßen entlang der friesischen Küste bis Wilhelmshaven gezockelt. Wenn es mir irgendwo gefiel - die vielen Orte mit »siel« hinten am Namen, haben mir unheimlich gut gefallen – habe ich geparkt und die Gegend genossen. Parkplatzsorgen gibt es ja mit einem Motorrad nicht. Der Sonnenuntergang, den ich abends auf einem Deich sitzend, genossen habe, war schon allein die Fahrt wert. Ich denke, meiner dicken Blauen hat es auch gefallen. Mein Auto habe ich übrigens in diesem Sommer praktisch nicht angerührt. Von Mai bis September fuhr ich mit einer Tankfüllung.
Um in vier Monaten 10000 Kilometer zu fahren, kann man keine Rücksicht auf das Wetter nehmen. Ich war bei jedem Wetter unterwegs und kam mehr als einmal pitschnass nach Hause. Trägt man eine gute Motorradkombi, gibt es keine Probleme, wenn es auf der Strecke nass ist. Innen bleibt es ja trocken. Schlimm wurde es allerdings für mich, wenn unterwegs die Temperaturen stiegen, und ich in sengender Hitze fahren musste. Neben dem heißen Rücken machten mir die Hitze zu schaffen, die vom Motor zwischen den Beinen aufstiegen. Jeder Stop an der Ampel wurde zu einem Gang in der Sauna. Das Warten in einer Schlange ließ Bäche von Schweiß unter meinem Helm herunterlaufen. Hier, das muss ich gestehen, habe ich mein Alter doch gemerkt. Andere Motorradfahrer fluchten zwar auch über die sengende Sonne, hatten aber ihren Kreislauf im Griff. Dafür musste ich dann häufiger eine Trink- und damit auch Pinkelpause einlegen. Als ich mir allerdings eine Sommerjacke zulegte, wurde ich das Hitzeproblem los. Meine gesamten Motorraderfahrungen in den ersten zwei Monaten nach dem Kauf der Honda beruhten auf Solotouren. Abgemacht war allerdings, dass ich mit meiner Ulrike zusammen die Landstraßen erobern wollte. Es wurde also Zeit, diese Abmachungen zu erfüllen. Zwangsläufig mel-

dete ich mich beim ADAC zu einem Fahrsicherheitstraining in Recklinghausen an.

Relativ fortgeschritten, oder?

Der ADAC bietet Trainingskurse für verschiedene Lernstufen an. Vom blutigen Anfänger oder Wiedereinsteiger über Basiskurse bis hin zu richtigem Kurventraining für Schräglagenfreaks, es gibt für jeden den passenden Kurs. Als erfahrener Rollerfahrer, der inzwischen schon allein ein 240-Kilo-Motorrad aufbocken konnte, schätzte ich mich doch sehr hoch ein. Ein Kurs für Fortgeschrittene sollte es doch wohl mindestens sein.

Die Anmeldung zum Sicherheitstraining auf dem ADAC-Übungsplatz in Recklinghausen hatte was. Mutig ging ich ans Telefon und wählte die magische Nummer.

Hörer (Frauenstimme, eigentlich ganz nett): »Fahrsicherheitszentrum Westfalen, guten Morgen«.

Ich: »Hallo guten Morgen. Ich habe hier einen Gutschein für ein Fahrsicherheitstraining. Den würde ich gern bei ihnen einlösen. Das heißt, ich würde gerne einen Kurs bei ihnen buchen«.

Hörer: »Prima, das können sie hier erledigen. Geben Sie erst einmal die Gutscheinnummer durch. Dann trage ich sie mit ihren Daten in den Computer ein«.

Ich: »Die Nummer lautet SHT12345«

Hörer: »Okay. Welchen Kurs wollten sie denn belegen?«

Ich: »Ähm, ja, ich fahre seit drei Jahren und möchte den Fortgeschrittenenkurs belegen«.

Hörer (Schweigen): »Ja und? Was fahren sie denn?«

Ich (ehrlich): »Zweieinhalb Jahre 125er großen Roller, zwei Monate 1000er Honda«.

Hörer (lautes Schweigen): »Wie bitte? Ich habe sie nicht verstanden«.

Ich (leicht verunsichert): »Ja, ich fahre seit zweieinhalb Jahren einen größeren Roller und seit zwei Monaten eine große Honda«.

Hörer (das Grinsen konnte ich durch die Leitung sehen): »Und welchen Kurs wollen sie belegen?«
Ich (wieder etwas tapferer): »Den für Fortgeschrittene«.
Hörer: »Moment! Ey Wille, da ist jemand, der mal einen Roller gefahren hat und seit zwei Monaten ne 1000er fährt. Der will in den Kurs für Fortgeschrittene«.
Hörer (Stimme im Hintergrund, nicht für meine Ohren bestimmt): »Der ist wohl nicht ganz dicht. Der soll ne Pistole nehmen, das ist schmerzloser«.
Hörer (wieder die Frauenstimme): »Hallo, sind sie noch da? Also, der Kursleiter empfiehlt ihnen dringend, erst einmal den Kurs für Neueinsteiger zu wählen, um die Grundlagen zu erlernen. Der Fortgeschrittenenkurs ist doch ein wenig zu stressig für sie«.
Mir blieb nach den lieben Worten von Wille nichts anderes übrig, als entweder eine Pistole zu nehmen und mich zu erschießen oder den popeligen Anfängerkurs zu buchen. Dabei war ich doch schon so gut unterwegs.
Mein besagter Freund, der schon seit der Bibelzeit mit dem Motorrad unterwegs ist, erklärte sich solidarisch mit mir und buchte den gleichen Kurs. Er wolle ein paar Macken in seinem Fahrstil beseitigen, da wäre ein Einsteigerkurs genau das Richtige. Augenblicklich schrumpfte mein Ego wieder auf die natürliche Größe.

Mach mir den Schwanenhals

Samstagmorgen acht Uhr, Dauerregen, keine Besserung gemeldet. Das sind die besten Voraussetzungen, um ein Fahrsicherheitstraining durchzuziehen. Ich packte alle wichtigen Sachen wie Bütterchen, Flasche Wasser und ein wenig Doping in Form von Müsliriegeln in das Topcase. Das alles umwickelte ich mit einer wasserdichten Hose, einer sogenannte Bikerpampers.
Dann fuhren wir los und benutzten die Autobahn, um rasch zum Verkehrsübungsplatz zu kommen. Zwar regnete es weniger, aber die Autos packten uns in einen Nebel von Was-

sertröpfchen. Da der Verkehr wegen des Wochenendes nicht sehr dicht war, kamen wir flott vorwärts und fuhren 15 Minuten vor Kursbeginn auf den ADAC-Übungshof.
Inmitten einer kleinen Seenplatte auf dem Parkplatz standen schon einige Kursteilnehmer. Wir erledigten im Schulungsgebäude die Formalitäten, zogen die nassen Klamotten aus und gingen in den Schulungsraum. Das Topcase mit dem Kraftfutter konnte ich in der Garderobe abstellen.
Unterschiedlicher konnte die Runde der Teilnehmerinnen und Teilnehmer nicht sein. Vater mit Tochter, Vater mit Sohn, Schüler und einige weibliche Teilnehmerinnen saßen zusammen an einem riesigen Tisch. Zwei Oldies, mein Freund Werner und ich, rundeten die illustre Gesellschaft ab. Zuerst stellte sich der Kursleiter vor. Es war zum Glück nicht Wille vom Telefon, sondern Frank. Danach durfte jeder von uns sein Wort an die Runde richten und erzählen, was er hier eigentlich wollte. Neben Neueinsteigern waren auch einige Biker anwesend, die schon seit Jahren fuhren. Als ich mich vorstellte, vergaß ich geflissentlich zu erwähnen, dass ich schon länger mit einem Roller unterwegs war. Die Runde war beeindruckt, dass ich so tollkühn war, mit 67 den Führerschein zu machen und auf ein großes Bike zu steigen.
Frank bestätige uns noch einmal, dass wir die richtige Wahl mit diesem Kurs getroffen hätten. Man hätte ihm, hier legte er eine Kunstpause ein und blickte grinsend in die Runde, von einem Teilnehmer erzählt, der ohne jegliche Erfahrung gleich den Fortgeschrittenenkurs hätte machen wollen. Es folgte ein allgemeines Kopfschütteln über so viel Dummheit. Ich schüttelte mit, denn ich wollte nicht auffallen.
Nach einer kleinen Einführung ging es dann raus auf die Maschinen. Es hatte gerade aufgehört zu regnen, daher verzichteten wir auf die Regenhose. Das war schlecht, denn nach ein paar Minuten fing es wieder an. zu gießen. Durch den Reißverschluss sickerten dann Tröpfchen für Tröpfchen nach innen und wollten zwischen meinen Schenkeln erwärmt werden. Mein edles Teil hat sich sehr bedankt.
Jede Fahraufgabe wurde kurz vorher in der Gruppe besprochen und dann in der Praxis auf dem Rundkurs ausgeführt. Rücksicht auf den Regen wurde nicht genommen, da dieser

Fahrsicherheitstraining ist für Einsteiger ein Muss

auf Motorradfahrer auch keine Rücksicht nimmt. Notbremsungen, Ausweichmanöver und Slalomstrecken abwedeln forderten uns so sehr, dass der Regen nebensächlich wurde. Es war stressig, anstrengend, aber unglaublich interessant. Ich führte Übungen durch, die ich niemals unter normalen Umständen allein gemacht hätte. In drei Stunden lernte ich meine Maschine besser kennen, als in drei Wochen auf der Landstraße.

Nach der Mittagspause, ich hatte meine Regenhose natürlich jetzt übergestreift, denn es regnete gleichmäßig weiter, wurde das Fahrtraining verschärft. Kurventraining im Regen, das versprach Aufregung und Stress. Wieder standen wir im Kreis und besprachen, was von uns jetzt konsequent verlangt wurde. Hier lernte ich zum ersten Mal, wie wichtig es ist, als Motorradfahrer immer dorthin zu gucken, wohin man seine Maschine lenken will. Eigentlich hatte ich das noch nie richtig gemacht und in der Fahrschule hatte ich nie etwas davon gehört. Angst brauchten wir keine wegen der Nässe zu haben. Unserer Reifen wären okay, die würden wir auch im Regen

bei unserer Fahrweise nie an die Grenzen bringen. Das Wort des Kursleiters in Gottes Ohr, betete ich.
Aber er hatte recht. Wir zogen unsere Runden und konnten auch die Schräglage in den Kurven Stück für Stück vergrößern. Der Kursleiter fuchtelte immer mit den Armen, wenn ich am Kurveneingang an ihm vorbei fuhr. Dann hörte ich ihn brüllen: »Udo, verdammt, mach den Schwanenhals!!!«
Hatte ich etwas in Sachen Zoologie verpasst? Was sollte der Schwanenhals? In der nächsten Runde stellt sich Frank mitten auf die Straße und hielt mich an. »Willst du in der Wiese landen?«, brüllte er mir unters Visier. »Du sollst den Hals sichtbar in die Richtung drehen, in die du fahren willst. Mach gefälligst den Schwanenhals!« Aha, jetzt wusste ich das liebe Tierchen einzuordnen. Auch wenn ich einen anatomisch dickeren sauerländer Hals hatte, ich zog ihn vor jeder Kurve ostentativ aus der Halskrause der Kombi und drehte ihn elegant in Richtung der anvisierten Ideallinie. Frank war zufrieden, obgleich meine Haltung sicherlich höchstens Loriot gefallen hätte.
Frank hatte aber recht, das Fahren in Kurven wurde durch diese Blickführung enorm verbessert. Und noch heute trainiere ich diese Schwanenhalsposition ganz bewusst auf meinen Touren.
Als wir abends mit unserem Diplom abziehen konnten, war ich ziemlich fertig. Sechs Stunden intensives Training bei Regen, das sollte mir erst einmal einer nachmachen.
Was mich besonders beeindruckte, war, dass die Frauen in unserer Gruppe ihre Sache unheimlich gut machten. Wie die im Regen durch die Kurven semmelten, war toll anzusehen. Die hatten einfach ein Gefühl dafür.

Traut euch, raus aus dem Quark!

Älter werden heißt auch ruhiger werden, oder? Viele Rentner stehen morgens auf, trinken einen Kaffee und werden von der Mama in die Stadt geschickt, damit sie ihn nicht immer vor den Füßen hat. Bei Tchibo in der Einkaufspassage stehen sie dann mit anderen Rentnern zusammen an Stehtischen und schlürfen ihren Kaffee. Während sie die allgemeine Weltsituation analysieren und erklären, warum sie das alles viel besser machen würden, geht die Zeit rum. Mittagessen kommt bald.

Nach dem Essen legt Rentner sich hin und pennt ne Runde. War ja auch ziemlich stressig der Morgen. Dann wartet »Richterin Hold« in der RTL-Gerichtssoap auf »gute Zeiten, schlechte Zeiten«, die dann von »verbotener Liebe« abgelöst werden. Nach dem Butterbrot am Abend muss man mal eben die aktuellen Nachrichten sehen und dann die Visite bei Professor Brinkmann in der Schwarzwaldklinik abwarten. Zwischendurch, das leckere Bierchen ist schon längst getrunken, stößt Mama ihren Rentner an, weil er schnarcht, und schickt ihn ins Bett.

So ein Leben ist wie das Warten auf den Tod. Leer, sinnlos und frustrierend. Kein Wunder, dass die Arztpraxen immer voller werden. Das liegt nicht nur am Lesestoff im Wartezimmer, sondern weil dieses passive Leben Krankheiten wie Arthrose, Steifheit oder »Hirnlosigkeit« fördert.

Häufig wird geraten, sich einen Hund anzuschaffen, damit man mehr Bewegung beim Spaziergang hat. Das hilft nach meiner Erfahrung (ich habe immer Hunde) aber nur der Gesundheit des Hundes. Während Waldi bei einem gemeinsamen Spaziergang in die Vorgärten sch..., kann Rentner prima mit anderen Hundebesitzern quatschen und das neueste aus dem Wartezimmer des Hausarztes erzählen oder die aktuellen Artikel aus der Apothekenrundschau diskutieren.

Dabei soll Mann gesund bleiben?

Ich habe ja schon darauf hingewiesen, wie schwierig es sein kann, wenn man trotz höheren Alters eine nicht altersgemäße neue Herausforderung sucht. Die Gesellschaft schaut misstrauisch auf Leute, die nicht ihrem Klischee entsprechen. Das habe ich leidlich am eigenen Leibe erfahren.

In der Presse, auch in der Fachpresse, wird häufig für die älteren Motorradfahrer der Begriff »ältere Herrschaften« benutzt. Dabei bezieht man sich allerdings nur auf die Zahl der Jahre und nicht auf den Fitnessstand der Bevölkerungsgruppe. Rentner und Rentnerinnen in diese Schublade zu stecken ist an sich schon diskriminierend. Unter dem Stichwort »Ak-

tive Senioren« in der Presse liest man dann »trotz knarrender Knochen trinkt sie (Oma) mit 70 täglich einen Likör und trifft sich zum Kartenspielen«. Mit »Unsere Oma fährt im Hühnerstall Motorrad«, wird sich dann noch über die eingeschränkte Mobilität lustig gemacht. Das geht ja mal gar nicht, aber so werden sie immer noch gesehen.
Dabei ist es gar nicht so schwer, sich auf ein Zweirad zu schwingen, und mit ein bisschen Speed dem Altwerden zu entkommen. Nur der erste Schritt ist der schwerste. Man greift zum Telefon und meldet sich an einer Fahrschule an. Dabei spielt es keine Rolle, ob man vor 40 Jahren schon einmal auf einem Motorrad gesessen hat. Unterricht ist Pflicht. Danach geht alles wie von selbst.
Es gibt Fahrschulen, die spezielle Kurse für Rentner oder ältere Einsteiger anbieten. Dabei spielt es keine Rolle, ob man neu in diesem Metier ist oder nur „aufgefrischt" werden will. Dank Google sind diese in jeder Region leicht zu finden.
Auf gut Glück habe ich im Internet nach Motorradklubs für Senioren gesucht und bin sofort fündig geworden. Es gibt sie überall und in großer Zahl. Als Beispiel kann ich einen typischen Klub anführen, die Interessengemeinschaft »Motorradsenioren«. Sie legen großen Wert darauf, dass sie kein Verein sind, sondern eine Interessengemeinschaft älterer Biker . Bereitwillig gaben sie mir Auskunft, als ich mit ihnen Kontakt aufnahm. Ich muss gestehen, ich war von den Socken, wie aktiv diese Gruppe war.
Meine Anfrage wurde sofort beantwortet.
»Hallo guten Tag und besten Dank für das Interesse an unserem Freundeskreis.
Unsere Mitglieder sind im Schnitt leicht über 66 Jahre.
Wir fahren pro Woche und je nach Wetterlage zwei Touren, Tagestouren.
Weiterhin werden auch Ferntouren gefahren z. B. nach Kroatien, an den Gardasee usw. Unser Slogan: ALLEINE FAHREN WAR GESTERN sagt aus, dass man lieber in Gesellschaft fährt, um auch nach der Tour mit Freunden gesellig zusammen zu sein, deswegen haben wir keinerlei Probleme.«

Das machte mich neugierig, und ich bat um mehr Informati-

onen, die auch prompt kamen.
Diese Gemeinschaft wächst ständig und hat mehr als 100 ältere Mitglieder. Circa 20 % davon sind weiblich, die zum Teil eigene Maschinen, auch schwere, fahren. Sie machen auch Touren ins Ausland. Z.B. nach Frankreich, Schweiz, Österreich, Holland bis in den hohen Norden werden gemeinsame Fahren durchgeführt.

Schaut man sich auf ihrer Internetseite um, wird klar, welche Prioritäten diese Bikerinnen und Biker besitzen.
1. Sie sind jung und aktiv geblieben. Sie pflegen ihr Interesse für Motorräder und Motorroller.
2. Kontaktpflege und Hilfe füreinander.
3. Touren und Geselligkeit füllen das Gemeinschaftsleben aus.
4. Regelmäßige Bikerstammtische.
Von diesen Seniorinnen und Senioren kann man behaupten, dass sie keinerlei Langeweile haben und sich am Leben erfreuen.
In ihrem Tourkalender sind die verschiedensten Tourtypen eingeplant. Von kleinen Fahrten mit 125er-Rollern zum Kaffeetrinken, bis hin zu flotten Tagestouren bis zu 350 km ist für jeden etwas dabei. Beeindruckend!

Im Sportstudio morgens um sieben werde ich häufig von älteren Eisenbiegern und Bizepsformern auf mein Motorrad abgesprochen, das bei jedem Wetter vor der Eingangstür steht. Alle diese Rentnerkollegen sind körperlich in der Lage, 100 und mehr Situps zu machen. Das sind beste Voraussetzungen, auch das Motorradfahren zu erlernen und mit Freude auch auszuüben. Manchmal komme ich mir vor, wie ein Prediger in der Wüste. Sie stehen ungläubig vor mir und können nicht glauben, dass ich mit 100 PS unterm Hintern stressfrei durch die Gegend gondele. Zwei von ihnen habe ich aber bekehrt. Sie kommen jetzt auch mit einem größeren Roller zum Training und haben angekündigt, diesen Sommer den A-Schein zu machen. Mag sein, dass Motorradfahren nicht ganz ungefährlich ist. Das hängt aber auch größtenteils von einem selbst ab. Aber sicherer, als auf den Sofatod zu warten, ist es auf jeden Fall. Also liebe »über 50-jährige«, Rentner oder zukünftige Pensionäre (dabei schließe ich ausdrücklich auch das weibliche Geschlecht mit ein!), macht es wie ich. Runter vom Sofa, Hintern auf den Sitz und den Startknopf drücken. Und dann viel Spaß unterwegs! Vielleicht treffen wir uns ja mal.

Kapitel 8 - Nützliche Tipps für Biker

Wenn Sie es noch einmal wissen wollen und (wieder) mit dem Motorradfahren beginnen wollen, dann müssen Sie in der Regel eine Menge von Hindernissen aus dem Weg räumen.
Das sind häufig:

- Mangelnde körperliche Fitness
- Widerstände aus der Familie
- Angst vor Versagen und Unfällen
- Hemmungen überhaupt etwas ganz Neues anzufangen

Im folgenden Kapitel gehe ich auf einige dieser Punkte näher ein, wobei ich sehr gut auf eigene Erfahrungen zurückgreifen kann. Nicht viele haben den Mut, mit 67 komplett neu anzufangen und dann mit einer 100-PS-Maschine in der Landschaft zu cruisen.
Das Einzige, das ihnen hilft, alle Widerstände aus dem Weg zu räumen, ist ihr Wille. Vielleicht finden sie, so wie ich, in ihrer Familie auch noch einen Koalitionspartner, der ihnen bei ihrem Entschluss hilft, Freiheit auf zwei Rädern zu genießen.
Wenn sie Kinder haben, dann wissen sie, was Sorge bedeutet. Bis die Kids flügge sind, sorgen sie sich um sie, räumen ihnen Hindernisse aus dem Weg und vermitteln ihnen das, was man Erziehung nennt. Mit anderen Worten, sie setzen sie aufs Gleis, fahren müssen sie dann allein. Wenn diese Kinder dann selbst Eltern werden, übertragen sie ihr Sorgen häufig nicht nur auf ihre eigenen Kinder, sondern auch auf sie. Ja genau, auf SIE!!! Das ist besonders stark ausgeprägt, wenn ihre Kinder in der Nähe wohnen und somit leicht ein »gut gemeintes Kontrollsystem« aufbauen können. So etwas geschieht schleichend und ohne böse Absicht.
Das Internet ist voll mit Blogs oder Beiträgen, die sich mit der Unvernunft der Eltern auseinandersetzen. Googeln sie einmal das Thema »Sexualität im Alter« und setzen sie sich dabei etwas zurück. Ansonsten fliegt ihnen der Monitor mit einer Flut von Artikeln zu diesem Thema um die Ohren. Scheint also ein wichtiger Bereich zu sein, der die Gesellschaft beschäftigt.

Wenn sie sich also mit dem Motorrad beschäftigen möchten, müssen sie mit Ähnlichem rechnen. Ich habe einmal einen typischen, sorgenvollen Beitrag aus dem Internet aufgegriffen:
Hallo! Mein Vater ist 62 Jahre alt und möchte sich jetzt ein Motorrad kaufen. Als er 30Jahre alt war, hat er einen Motorrad-Führerschein gemacht und ist auch einige Jahre gefahren. Aber schon mindestens 15 Jahre nicht mehr. Ich habe Bedenken, wenn mein Vater mit dem Motorrad losfährt. Er ist doch jetzt älter und auch nicht mehr so beweglich wie früher. Aber er ist sich sicher, dass nichts schief geht. Ich finde ihn als eine Gefahr im Straßenverkehr. Heute Morgen sagte mein Vater, dass er sich in einer Sportgruppe angemeldet hat, um fit fürs Motorradfahren zu werden. Was haltet ihr davon? Herzliche Grüße Lieschen
Antwort eines besorgten Lesers:
Studieren geht über Probieren.
Vorschlag hierzu:
Erst mal eine Testfahrt genehmigen. So kann man für sich schon entscheiden, ob man der Typ für ist. Weiterhin, wenn hierbei Bedenken herrschen, den Arzt des Vertrauens aufsuchen und beraten lassen. Da gibt es gute Tipps zu.
Viel Erfolg und beste Grüße

Zuerst scheint es ja so zu sein, dass hier ein Beitrag aus Sorge um die Gesundheit des 62-jährigen Vaters geschrieben wurde. Dieser ist, wenn man genau liest, kurz vor der Einweisung in eine Pflegestation.
Die Schreiberin widerlegt sich zum Teil selbst, indem sie darauf hinweist, dass der Vater alles genau richtig macht, um erfolgreich dieses Hobby auszuüben. Er hält sich fit und schließt sich einer Sportgruppe an. Prima, damit kann er locker 100 Jahre alt werden, und bis 99 auch noch prima fahren.
Aber was auffällt, dass diese Gluckensorge etwas Entmündigendes an sich hat. Sie, die Schreiberin, glaubt, dass er nicht mehr in der Lage ist, im Straßenverkehr ein Motorrad zu fahren und daher eine Gefahr darstellt. Woher hat sie das Wissen? Ist sie ein Verkehrsexperte und eine Medizinerin? In der Sorge zeigt sich auch die Tendenz zu gängeln, und damit ein

prinzipielles Verbot auszusprechen.
Die Antwort darauf hat es auch in sich. »Erst mal eine Testfahrt genehmigen«. Aha, Tochter ist aufgrund ihrer Kompetenz berechtigt, eine Genehmigung zu erteilen. So sieht es der Antwortschreiber. Dann zum Arzt schicken, am besten gefesselt.
Diese wenigen Zeilen spiegeln das Verhältnis jüngerer Menschen zum Alter der Angehörigen wider. Große Sorge mündet ein in Bevormundung. Wenn man das mit mir probieren würde, würde ich Wille vom ADAC anrufen und um seine Pistole bitten.
Liebes Lieschen (Name geändert): Ihr Papa ist schon volljährig. Lassen sie ihn.
Lieber Papa von Lieschen: Tu es! Unbedingt!

Welches Motorrad?

Ich gehe mal nicht davon aus, dass sie mit einem Supersportler schwarze Reifenspuren in die Kurven fräsen wollen. Häufig hindert uns auch das gut gerundete Stück unterm Brustbein daran, flach auf dem Tank zu liegen und mit stark angewinkelten Beinen die bestehenden Rundenrekorde auf dem Nürburgring zu unterbieten. Der Gesetzgeber erlaubt ihnen das Fahren ohne jegliche Beschränkung. Nur sollte man aus Vernunftsgründen nicht alles tun, was erlaubt ist.
Wie ich schon vor dem Kauf meiner Honda CBF1000 bemerkt hatte, sind alle Motorräder irgendwie schön. Die Verkäufer bei den Händlern möchten ihnen auch eine schöne und möglichst teure Maschine verkaufen. Das ist ihr Job und davon leben sie.
Natürlich kommt es darauf an, was sie mit einem Motorrad anstellen wollen. Möchten sie nur in und um ihren Lebensmittelpunkt herumdüsen, kann es eine kleinere Maschine sein. Wenn sie allerdings, was ich stark vermute, auch mal reisen möchten, dann sollten sie sich ganz spezielle Bikes anschauen. Reisen heißt für mich, einen Tag und länger mit dem Motorrad einschließlich Gepäck für viele Tage unterwegs zu

sein. Für solche Aktivitäten bieten sich Maschinen an, die »untenrum« viel Kraft entwickeln. Das heißt nichts anderes, sie können mit solchen Motorrädern auch im 6. Gang mit 50 km/h durch die Stadt fahren und trotzdem, ohne zu schalten, gut beschleunigen.

Schauen wir uns zwei typische Vertreter der Gattungen Tourer und Sporttourer an. Der Unterschied zwischen beiden ist klein. Der Tourer ist groß, schwer, bequem und bietet einen guten Wind- und Regenschutz. Allerdings sind sie auch teuer. Sie müssen bei einer neuen Maschine mindestens 12000 bis 18000 Euro ausgeben. Günstiger, aber nicht ganz so komfortabel, sind Sporttourer. Sie sind leichter, bequem und lassen eine sehr sportliche Fahrweise zu. Sie stellen somit einen Kompromiss zwischen sportlichen Bikes und reinen Reisemaschinen dar. Zu den Reisemaschinen zähle ich auch Reiseenduros, da diese inzwischen alle den Schwerpunkt auf die ersten beiden Silben (Reise) legen. Natürlich ist der Markt voll mit gebrauchten Motorrädern, die erheblich preisgünstiger sind.

Auf das Gewicht der Motorräder sollten sie nicht allzu sehr schauen. Wenn diese Maschinen einmal in Fahrt sind, fahren sie sich leicht und sicher. Allerdings kann es beim Rangieren oder Langsamfahren Probleme geben. Deshalb sollte man die Tourer erst fahren, wenn man etwas Erfahrung hat.

Sporttourer wiegen um die 220 Kilogramm und fahren sich leichter als Tourer. Das merken sie gerade in engen Kurven, beim Wenden oder beim Ausweichen von Hindernissen. Sie sind eher geeignet für Neu- oder Wiedereinsteiger. Ich selbst habe wirklich nicht sehr lange gebraucht, um mich sicher mit einem Sporttourer auf den Landstraßen zu bewegen. Ein Nachteil ist, dass der Schutz vor Regen und Wind meistens nicht so umfassend ist, wie bei den Reisemaschinen.

Auf eine Marke sollten sie sich nicht festlegen. Alle namhaften Hersteller bieten ausgezeichnete Fahrzeuge an. Es ist daher reine Geschmacksache, welchen Namen sie wählen. Allerdings sollte die Maschine bestimmte Kriterien erfüllen, die gerade bei älteren Fahrern wichtig sind.

- Ergonomische Fahrerposition: Der Sitz, Tank und die Entfernung zum Lenker sind sehr wichtig. Sie können davon ausgehen, dass sie sich nie sicher fühlen werden, wenn sie nach dem Anhalten nur mit den Fußspitzen den Boden berühren können. Daher sollte für den Normalfahrer die Sitzhöhe zwischen 780 und 820 mm, vom Boden gemessen, betragen. Machen sie daher als Erstes eine Sitzprobe, wenn sie sich ein Bike anschauen. Ideal ist, wenn sie, wie bei meiner Honda CBF, den Sitz in drei Höhen einstellen können. Wenn Sie den breiten Lenker anfassen, dabei nicht klammern, sollten sie in einer aufrechten Position sitzen. Es sollte sogar möglich sein, dass sie ihr Becken beim Fahren leicht nach vorn schieben können, um die Lendenwirbelsäule zu entlasten. Der Tank darf dem nicht im Wege stehen. Sie nehmen somit eine aktive Position ein, in der sie jederzeit blitzschnell aufstehen können.

- Die Polsterung und die Breite des Sitzes sind wichtig für den Komfort, wenn sie lange Strecken fahren wollen. Wenn nach zwei Stunden der Popo nicht um Hilfe schreit, ist alles okay. Das gilt auch für die zweite Person hinter ihnen.
- Die Fußrasten müssen so angebracht sein, dass sie ihre Füße entspannt darauf stellen können, aber gleichzeitig ihre aktive Position unterstützen. Auf keinen Fall darf der Kniewinkel zu spitz sein, dann schlafen die Beine ein oder fangen an zu schmerzen. Auch das gilt für den Sozius oder die Sozia.
- Vorn sollte eine variable Schutzscheibe vorhanden sein, die sie je nach Witterung hoch oder runter schieben können. Es gibt Tourer, die so etwas auf Knopfdruck elektrisch erledigen. Wie sieht es mit der Windverwirbelung aus? Häufig sitzt man vorn geschützt, während man hinten fast den Kopf vom Winddruck abgerissen bekommt. Ausprobieren!
- Die Instrumentenanzeige sollte im Blickfeld liegen und leicht abzulesen sein. Häufig sind Digitalanzeigen im Sonnenlicht schlecht ablesbar. Die Kontrollleuchte für den Blinker ist wichtig. Sie muss so platziert sein, dass sie sichtbar ist, wenn sie sich auf die Straße konzentrieren.

Aufrecht, entspannt, Rücken geschont (oben). Ein von BMW angebotener moderner Tourer ohne Topcase (unten.

Schleifkotten

- Eine Vollverkleidung, die viele Tourer, ganz besonders BMW, anbieten, muss nicht sein, wenn sie entsprechende Schutzkleidung tragen.
- Ein Topcase oder besser, ein Travel- oder Touringpaket mit drei Koffern ist nötig, wenn sie länger unterwegs sein wollen. Das Topcase sollte eine Gummiauflage zum Anlehnen haben. Meine Frau bestand darauf.
- Auf ein ABS (Antiblockiersystem) sollten sie auf keinen Fall verzichten. Das kann lebenswichtig sein und wird demnächst sogar gesetzlich vorgeschrieben. Gerade auf schlechten Straßen mit Sand, Laub oder Rollsplitt werden sie die Vorteile dieses Bremssystems lieben lernen.
- Gute Sporttourer oder Tourer ab 750 ccm aufwärts haben einen starken Motor. Die Leistung sollte aber nicht aus hohen Drehzahlen kommen, sondern »von unten«, d. h. aus niedrigen Umdrehungszahlen. Achten sie daher darauf, dass der Motor mindesten 80 bis 100 Newtonmeter besitzt. Ab 2000 Umdrehungen sollte das Bike, ohne zu ruckeln, beschleunigen.

Zwei typische Vertreter

Alle großen Hersteller bieten wunderbare Motorräder der beiden Kategorien an. Ich zeige Ihnen zwei typische Vertreter, ohne eine Wertung abzugeben.
BMW R 1200 RT

Ich habe diese Maschine von BMW ausgewählt, weil sie alle Anforderungen erfüllt, die an einen modernen Tourer gestellt werden können. Der Preis ist allerdings sehr hoch, denn mit ein paar Extras kostet das Bike mehr als 18000 Euro. Auch gebraucht belastet das Motorrad doch arg den Geldbeutel. Qualität hat seinen Preis, bedeutet aber auch Wertstabilität.
Hier die für uns relevanten Daten:
Hubraum: 1170 ccm
Leistung: 92 Kw oder 125 PS
125 Newtonmeter
Verbrauch: 3,9 bis 5,3 Liter je 100 km (Idealvorstellung)
Bremsen: Hochleistungs-Scheibenbremsen mit ABS
Sitzbank: 805-825 Millimeter, kann auf 765 Millimeter tiefer gelegt werden
Gewicht: Ca. 274 Kilo, Zuladung 221 Kilo
Tank: 25 Liter
Geschw. max.: Über 200 km/h
Honda CBF1000F

Auch dieses Motorrad erfüllt die Kriterien, die für eine Tourenmaschine wichtig sind. Es fehlt zwar der ultimative Komfort der BMW, dagegen fährt sie sich sehr leicht und erlaubt schaltfaules Touren. Die sportlichen Elemente sind stark ausgeprägt, ohne

Die Honda CBF1000F ist eine sportliche Reisemaschine

allzu sehr am Komfort zu sparen. Der Neupreis mit Touringpaket (zwei Koffer, Topcase, Heizbare Griffe) liegt bei 11000 Euro.

Die relevanten Daten:

Hubraum: 998 ccm
Leistung: 78 KW, 108 PS und 97 Newtonmeter
Verbrauch: 5 – 5,5 Liter
Bremsen: Combined Break System, ABS
Sitzbank: 780 – 810 Millimeter
Gewicht: 245 Kg voll getankt, Zuladung 200 Kg
Tank: 20 Liter
Geschw. max.: 230 km/h

Das Combined Break System besagt, dass beim Bremsen die Bremskraft sich immer auf beide Räder auswirkt. Wird die Vorderradbremse betätigt, werden zwei Bremsscheiben vorn und eine Bremsscheibe hinten einbezogen. Tritt man die Fußbremse, werden hinten und vorne eine Bremsscheibe betätigt.

Beide Motorräder können auch sehr gut gebraucht gekauft werden, wenn der Neupreis zu hoch erscheint. Die BMW gibt es ab 10000 Euro, ca. 5 Jahre alt und die Honda in einer älteren Version für 6000 Euro ca. 4 Jahre alt. In Testzeitschriften wird ihre Robustheit und Langlebigkeit dieser Bikes gelobt.

Fitness ist Pflicht

Wenn Horst Schlämmer, stellvertretender Chefredakteur beim Grevenbroicher Tagblatt, im Fernsehen nuschelt, dass er Rücken hat, dann weiß jeder, was er meint. Denn jeder hat schon mal »Rücken« gehabt. Ob Verspannung, Aua-Hexenschuss oder chronische Entzündung, alles ist schmerzhaft und behindert die Beweglichkeit.

Sollten Sie muskuläre Probleme haben, müssen diese erst einmal bekämpft werden. Erst danach können sie auf das Motorrad steigen.

Aufgrund meiner sportlichen Vergangenheit habe ich mich über die Jahre hinweg zu einem Experten in Sachen Pflege und Bekämpfung von Wehwehchen entwickelt. Ich muss ständig an meinem Rücken, Brust, Schultern und Hüfte arbeiten, damit ich ohne Schmerzen längere Zeit fahren kann. Mittlerweile nehme ich die Ermahnungen meines Orthopäden sehr ernst und gehe fleißig ins Fitnessstudio. Zusätzlich mache ich zu Hause noch Dehnungsübungen, zum Beispiel, wenn ich vor der Glotze sitze.

Bei längerer Arbeit am PC oder sogar beim ausführlichen Fegen der Gartenterrasse merken sie sofort, wo ihr Rücken anfängt und wo er aufhört. Es zwickt im Lendenwirbelbereich und in den Schultern. Wenn sie im Garten häufig genug in die Hocke gehen, wissen sie auch, wo ihr Hüftknochen ist. Dass ich zwischen den Oberschenkeln eine Problemzone hatte (nee nee, das nicht), habe ich erst gemerkt, als ich auf ein aufgebocktes Motorrad geklettert bin. Die Adduktoren machten ein Mordstheater und erinnerten mich noch tagelang daran, dass ich hier unbedingt mehr Geschmeidigkeit einbauen müsste.

Wir alle wissen, im Alter lässt die Elastizität der Bänder und Muskelansätze nach, die Schuhanzieher werden immer länger.

Treten bei Ihnen auch solche schmerzhaften Probleme auf, dann sind ihre Muskeln und Gelenke schlecht trainiert. Das merken Sie besonders, wenn Sie ungewohnte Bewegungen ausführen. Dazu gehörten z. B. das Spreizen der Beine (Adduktoren und Abduktoren) oder das Halten oder Abstützen mit den Armen (Schultermuskulatur). Deshalb ist der Ausspruch »Ich habe es an der Wirbelsäule« häufig falsch. Es sind meistens die Muskeln rund um die Wirbelsäule, die Ihnen vorspielen, dass etwas mit der Architektur nicht stimmt.

Ich stelle Ihnen in den nächsten Abschnitten Übungen vor, die Sie ohne weitere Hilfsmittel alleine durchführen können. Diese dienen der Vorbereitung einer schmerzfreien Bikerkarriere.

Unsere Problemzonen

Die am häufigsten gequälten Bereiche beim Motorradfahren befinden sich im Lendenwirbelbereich und im Schulterbereich. Häufig treten Probleme auch im Schritt auf, besonders wenn die Sitzbank etwas breit ist.
Sie werden sich wundern, warum ich speziell die Knie nicht erwähnt habe. In vielen Fällen ist bei schmerzenden Knien unterwegs die Hüfte schuld. Diese strahlt dann den Schmerz über den äußeren Schenkelmuskel ins Knie und darüber hinaus aus.
Beispiel: Meine Knieprobleme links wurden über Wochen immer schlimmer. Zeitweise wusste ich nicht mehr, wie ich mich nachts hinlegen sollte. Da ich rechts schon zwei Meniskusoperationen überstanden hatte, war mir klar, jetzt geht es links auch los. Handball, Judo, Surfen und 30 Jahre Tennisturniere fordern halt ihren Tribut.
Der Orthopäde drehte und drückte, ich hatte keine Schmerzen im Knie. Dann machte er eine Röntgenaufnahme und hatte die Lösung auf dem Bildschirm. Mein Hüftgelenk war etwas aus der Form, was in meinem Alter nichts Ungewöhnliches ist. In der Längstachse funktionierte der Bewegungsapparat prima, aber beim seitlichen Ausstrecken der Beine, bekam ich Probleme. Da ich beim Fahren die Schenkel an den Tank anpresse, benötige ich schon allein aus Sicherheitsgründen (Stabilität) die Muskulatur in diesem Bereich. Ein paar ganz einfach Übungen täglich lösten dann das Problem vorübergehend. Inzwischen habe ich mit 69 ein künstliches Hüftgelenk und bin schmerzfrei, das heißt, ich kann ohne Probleme Sport treiben oder mit dem Motorrad fahren.

Nur zehn Minuten am Tag

Wenn der Frühling kommt, und das schlechte Gewissen wegen der faulen Wintertage immer größer wird, dann ist die Zeit gekommen, sich auf die kommenden Motorradtouren vorzubereiten. Beweglichkeit und Schmerzfreiheit sind ange-

Diese Übung funktioniert auch im Sitzen am Arbeitsplatz.

sagt.

Um wieder fit zu werden, helfen Ihnen neben dem täglichen Spaziergang an der frischen Luft oder den 1000 m Schwimmen im Hallenbad, ein paar kleine und leichte Übungen. Sie brauchen dafür eine Matte oder Decke für den Boden und sich selbst. Sonst nichts. Es sei denn, Sie bezeichnen ein dickes Kochbuch als Gerät.

Alle Übungen, die ich Ihnen hier anbiete, haben etwas mit dem Motorradfahren zu tun. Sie gehen hauptsächlich in den Bereich der Dehnung, kräftigen allerdings auch die Muskulatur. Ich gehe jeweils mit einem kleinen Beispiel darauf ein. Sicherlich wissen Sie selbst genau, wo Ihre Schwachstellen liegen. Somit können Sie sich gezielt einige der Übungen herauspicken. Am besten, sie machen alle, das ist wie eine große Inspektion bei Ihrem Bike. Als Modell fungiert meine Sozia und Ehefrau Ulrike.

Die Nackenmuskulatur

Wenn der Kopf beim Fahren schwer wird (ein Helm kann bis zu 1800 Gramm schwer sein), wenn der Bereich überm Schlüsselbein taub wird und ein Schmerz im Schultergelenk nervig wird, dann ist die Nackenmuskulatur betroffen. Sie verkrampft, weil sie überanstrengt wird. Das kann fehlendes Training sein, aber auch eine falsche Haltung am Lenker.

Anwendung:

- Gerade hinstellen, Füße etwas auseinander. Oberkörper und Kopf aufrecht.
- Arme seitlich am Körper.
- Den Kopf zur Seite neigen, bis es an der Gegenseite in der Schulter zieht.
- Eine Weile so verharren.
- Dann mit der anderen Seite weitermachen.
- Mehrfach wiederholen.

Schultermuskeln

Diese Muskelgruppe ist bei vielen Menschen unterentwickelt, da es im Alltag (z. B. Büro) nicht viele Bewegungen gibt, die diese unterstützen und trainieren. Sie sind wichtig, damit die Beweglichkeit der Schultergelenke erhalten bleibt. Außerdem gleichen sie die zu starke Ausprägung des großen Brustmuskels aus und verhindern, dass sie nach vorn gebeugt durch die Gegend laufen. Denn ein großer und starker und verkürzter Brustmuskel zieht die Schultern nach vorn, wenn ihm durch seinen Gegenmuskel nicht Einhalt geboten wird.
Bei der folgenden Übung wäre ein Gummiband ideal, aber ein kleines Gewicht in einem kleinen Eimer oder ein dickes Buch in Ihren Händen tun es auch.

Anwendung:

- Sie sitzen auf einer Bank oder einem Hocker, beide Beine stehen fest auf dem Boden.
- Oberkörper ist aufgerichtet, leicht nach vorn gebeugt,

Sie müssen bei dieser Übung nicht sitzen,
im Stehen geht es auch

Kopf schaut geradeaus.

- Angewinkelte Arme in Schulterhöhe heben.
- Ohne die Ausrichtung der Arme zu ändern, die Unterarme bis auf Stirnhöhe heben (kleine Halbkreis-Drehbewegung).
- Beim Anheben der Arme ausatmen, beim Absenken einatmen.

Tipp zur Ergänzung: Legen Sie das Ellenbogengelenk seitlich an den Körper, und bringen Sie Unterarme im rechten Winkel zum Oberarm vor den Körper. Wenn Sie jetzt das elastische Band mit beiden Händen auseinanderziehen, werden ebenfalls die Muskeln im Schulterbereich trainiert.

Brust- und vorderer Schultermuskel

Der Brustmuskel hat eine Tendenz, sich bei einseitiger Belastung zu verkürzen, wenn er nicht kräftig gedehnt wird. Verkürzt er, zieht er die Schulter nach vorn und nach einer Weile bekommen Sie Probleme mit der Beweglichkeit der Arme. Ich habe das leidvoll zu spüren bekommen, da ich meine Brustmuskeln durch Butterfly-Übungen gestärkt hatte, aber die Gegenmuskeln im hinteren Schulterbereich vernachlässigt hatte. Effekt: Ich konnte kein Armkreisen mehr durchführen. Es tat höllisch weh, beim Schwimmen (Kraul) die Arme aus dem Wasser zu bewegen.

Mit der folgenden, aber sehr effektiven Übung, können Sie diesem Problem zu Leibe rücken.

Wenn Sie allerdings wenig Zeit haben (oder etwas träge sind), dann probieren Sie doch einmal folgende Miniübung. Dabei ist es egal, wo Sie sind, das kann im Aufzug sein oder im Treppenhaus.

Stellen Se sich mit dem Gesicht nahe vor eine Wand und breiten die Arme in Schulterhöhe aus. Legen Se die Handflächen links und rechts an die Wand. Drehen Sie sich jetzt mit dem Körper nach links oder rechts, dabei dürfen die an der Wand angelegten Arme nicht bewegt werden. Drehen Sie sich so weit, bis es in der Brust anfängt zu ziehen. Machen Sie das zwei bis drei Minuten, schon ist der Brustmuskel gedehnt.

Anwendung:

- Stehen Sie aufrecht, die Beine leicht auseinander.

Rücken Sie dem gestressten Brustmuskel zu Leibe.

- Bauen Sie etwas Spannung im Oberkörper auf.
- Heben Sie die Arme seitlich in Schulterhöhe. Handflächen nach oben! Sie bilden mit den Schultern eine Linie.
- Bewegen Sie die Arme nach hinten, bis es spürbar im Brustmuskel zieht.
- Dauer fünf Minuten.

Lendenwirbelsäule – Rückenstrecker

Ob am Schreibtisch, im Auto oder auf dem Motorrad, der Bereich der Lendenwirbelsäule ist der Teil des Rückens, der sich zuerst mit Schmerzen meldet, wenn er falsch behandelt wird. Schultern vorne, Rücken krumm und somit auch flache Atmung, das sind die typischen Auslöser der Probleme.

Vielleicht hat Ihre Mutter Sie als jungen Menschen auch hin und wieder angestupst und gesagt: »Geh gerade!« Ein weiser Ratschlag, den wir nur zu schnell vergessen.

Ich kenne Leute, die beim Sitzen vor dem PC auf einem großen weichen Gymnastikball sitzen. Nicht weil sie sich wie Baron Münchhausen fühlen möchten, der ja bekanntlich auf einer großen Kanonenkugel ritt, sondern weil sie damit eine rückenschonende Körperhaltung erzwingen wollen. Auf so einem Ball können Sie nur gerade sitzen. Der Oberkörper ist senkrecht und die Muskulatur im Beckenbereich ist ständig aktiv, um das Gleichgewicht zu halten. Effekt: Die Rückenmuskulatur wird gestärkt und ist belastbarer.

- Setzen Sie sich auf eine kleine Bank oder einen kleinen Hocker. Die Füße stehen etwas auseinander.
- Beugen Sie sich vor und umfassen Sie von innen hinten Ihre Füße.
- Bleiben Sie ganz locker und entspannt im Oberkörper und lassen diesen nach vorn fallen. Der Kopf hängt tief und wird zum tiefsten Punkt.
- Bleiben sie circa 30 Sekunden in dieser Position und schauen Sie unter dem Körper hindurch nach hinten. Ein leichtes Ziehen im Lendenwirbelbereich sollte anzeigen, dass die Muskeln dort gedehnt werden.

Bei dieser Übung zieht es in den Muskeln.

• Wiederholen Sie die Übung mindesten dreimal.

Alternative: Legen Sie sich auf eine Matte, Gesicht nach unten. Machen Sie sich lang und breiten die Arme im Winkel von etwa 45° nach vorn aus. (V-förmig). Heben Sie den Kopf einige Zentimeter an. Heben Sie jetzt das linke Bein und den rechten Arm gleichzeitig an. Danach das rechte Bein und den linken Arm. Alles in kompletter Strecklage. Wiederholen Sie die Übung einige Male, wenn Sie können. Sie ist sehr anstrengend, kräftigt aber die gesamte Rückenmuskulatur, einschließlich Po und Rückenseite der Oberschenkel.

Po – Rückseite Oberschenkel und Wade

Bei dieser Übung stellt sich die Frage, was denn der Hintern und die Oberschenkel mit dem Motorradfahren zu tun haben. Wenn Sie einige Stunden auf dem Motorradsitz zubringen, werden Sie die Antwort sehr schnell finden. Sie lenken nicht

Mit dieser Übung aktivieren Sie den Rückenstrecker im Lendenwirbelbereich nur mit dem Lenker des Bikes, sondern auch mit dem Körper. Sie pressen auch Ihre Schenkel an den Tank und fahren mit leicht angewinkelten Beinen. Wenn Sie schnell reagieren müssen, um eventuell einem Hindernis auszuweichen, dann arbeiten Sie auch mit Schenkeldruck. Es heißt nicht umsonst in Fahrerkreisen über leicht zu fahrende Motorräder: »Die kann man mit dem Hintern fahren und lenken!«

- Machen Sie einen leichten Ausfallschritt nach vorn.
- Beugen Sie das hintere Bein bis etwas 45° .
- Das vordere Bein strecken Sie.
- Becken nach vorn bewegen.
- Rücken aufrecht belassen.
- Beugen Sie die Hüfte.
- Ziehen Sie die Fußspitze an, bis die Wade sich meldet (Ziehen).

Alternative: Legen Sie sich bäuchlings (nur mit dem Unterbauch) auf einen Hocker oder Stuhl. Beine sind gestreckt, Oberkörper hängt nach von bis auf den Boden. Lassen Sie ihre langen Beine durch jemanden am Boden fixieren. Bewegen Sie langsam den gestreckten Oberkörper mit ausgestreckten Armen nach oben, bis dieser mit den Beinen eine Linie bildet. (Nicht höher!). Dann langsam wieder absenken. Machen Sie drei Durchgänge mit je acht Hebungen. Um dem Muskelkater vorzubeugen, machen Sie anschließend die oben abgebildete Übung.

Abduktoren

Die Abduktoren merken Sie nicht, wenn Sie keine Probleme damit haben. Sie sind für Sie gar nicht existent, so wie z. B. die Wadenmuskulatur, die nach den Treppensteigen deutlich fühlbar ist.

Wenn Sie Ihre Hände seitlich und unterhalb der Hüfte anlegen, dann befinden Sie sich auf den Abduktoren. Diese unterstützen das Bein bei Seitwärtsstreckungen. Bei Problemen (Überanstrengungen) können die Schmerzen bis ins Knie und weiter in die Wade hinein ausstrahlen.

Diese Übung können Sie überall durchführen

- Stellen Sie sich gerade hin. Suchen Sie einen Halt an einer Wand oder einem Stuhl usw.
- Der Kopf schaut gerade aus. Oberkörper bleibt entspannt.
- Bewegen Sie langsam das gestreckte Bein nach außen, soweit Sie können und dann zurück.
- Machen Sie die Übung mit beiden Beinen ungefähr zwölfmal.

Tipp: Wenn Sie um die Fußfesseln beider Füße ein elastisches Band spannen können, ist diese Übung erheblich effektiver, aber viel anstrengender.

Adduktoren

Die Adduktoren sind gemein. Man merkt sie selten. Brauchen Sie diese aber einmal, zeigen sie Ihnen, wie alt Sie geworden sind. Ich hatte ja schon vorher darauf hingewiesen, wie peinlich es sein kann, wenn man auf eine aufgebockte Maschine »krabbelt« und sich vorkommt, wie eine schwangere Auster. Adduktoren schreien laut auf, wenn Sie Ihre Beine seitlich spreizen. Balletttänzer besitzen hervorragend trainierte Adduktoren und können sogar einen korrekten Spagat machen. Versuchen Sie es erst gar nicht, Sie laufen tagelang herum wie auf Eiern.

Wenn Sie einen sicheren und festen Sitz auf dem Motorrad einnehmen wollen, dann pressen Sie die Oberschenkel an den Tank. Dabei unterstützen Sie die Adduktoren.

- Legen Sie sich ausgestreckt auf den Boden.
- Kopf auf den ausgestreckten Arm legen, Beine lang.
- Beugen Sie das obere Bein und legen Sie es vor das untere Bein.
- Heben Sie langsam das untere Bein an und bewegen es auf und ab.
- Dosieren Sie diese Übung vorsichtig, Sie ist sehr anstrengend. Ruhig atmen, nicht pressen!

Alle Übungen, die ich Ihnen hier gezeigt habe, sind nur wenige aus einer riesigen Auswahl. Aber Sie reichen aus, um Sie

Fangen Sie langsam mit dieser Übung an

fürs Motorradfahren fit zu halten. Vernachlässigen Sie aber nicht die restliche Körpermuskulatur und die körperliche Fitness. Halten Sie Ihren Kreislauf auf Trab, laufen oder schwimmen Sie. Ernähren Sie sich gesund und trinken Sie abends keinen Alkohol, wenn Sie morgens fahren wollen.
Wenn Sie in ein Sportstudio gehen, wird Ihnen das Fachpersonal dort weitere nützliche Übungen zeigen.

Locker bleiben unterwegs

Auch wenn Sie gut trainiert haben und Ihre Muskeln in Ordnung sind, wenn Sie länger unterwegs sind, kann es trotzdem zu Problemen kommen. Der Schmerz oder die Steifheit beginnt im Nacken, setzt sich über die Schultern in die Oberarme fort und schleicht sich dann langsam in Richtung Lende. Die Knie und Oberschenkel beginnen ebenfalls zwicken und das Schienbein fragt an, wann es endlich mal wieder festen Boden unter den Füßen bekommt.
Natürlich wissen Sie, dass man regelmäßig Pausen machen muss, um eine Motorradfahrt sicher zu gestallten. Aber was kann man tun, um die müden Knochen in Form zu halten?
In allen einschlägigen Medien finden Sie Hinweise, wie Sie Ihre Rastplatz-Autopausen sinnvoll gestalten. Diese Hinweise gelten natürlich auch für uns Biker. Aber durch die spezielle Sitzposition sollten sie doch noch weitere Tipps beachten.

Entspannt bleiben und Kreislauf pflegen

- Steigen Sie erst einmal vom Motorrad. Melden sich die Adduktoren beim Spreizen der Oberschenkel? Dann wurde es allerhöchste Zeit. Beim nächsten Mal machen Sie eine halbe Stunde früher Pause! Schütteln Sie Ihre Oberschenkel kräftig aus und treten Sie um sich.
- Setzen Sie Ihren Helm ab, um den Nacken zu entlasten. Lassen Sie den Kopf ganz locker nach vorne und nach hinten fallen. Dann führen Sie ihn nach rechts und links. Wiederholen Sie diese Bewegung einige Male.

Hinweis: Hin und wieder lesen Sie, dass man den Kopf kreisen lassen soll. Das lassen sie besser. Die Wirbelsäule ist kein drehfreudiges Kugelgelenk und sollte deshalb durch Drehen nicht strapaziert werden. Es liebt Nickbewegungen. Machen Sie den Schulterblick links und rechts so weit wie möglich. Das reicht vollkommen.

- Lassen Sie beide Schultern kreisen. Halten Sie dabei den Rest vom Oberkörper ganz ruhig.
- Ziehen Sie die Schultern hoch und kommen Sie Ihr mit dem Kopf entgegen. Das dehnt die Nackenmuskulatur zusätzlich.
- Kennen Sie noch Hula Hup? Das war einmal Beckenkreisen mit einem Kunststoffreifen. Das machen Sie einfach ohne Ring. Stemmen Sie die Hände in die Hüften und drehen Sie fleißig ihr Becken.
- Stellen Sie sich gegrätscht hin, und lockern Sie Ihren Oberkörper. Dann heben Sie Ihren Oberkörper etwas an und lassen ihn wieder entspannt fallen. Wiederholen Sie das einige Male.
- Bleiben Sie gegrätscht mit durchgedrückten Knien stehen. Den Oberkörper lassen Sie nach vorn fallen. Mehrmals den Oberkörper federnd nach unten bewegen. Danach richten Sie sich auf und strecken sich mit erhobenen Armen. Dann beginnen Sie von vorn. Wiederholen Sie die Übung einige Male. Atmen Sie bewusst. Beim Strecken sollten Sie tief einatmen, beim Beugen ausatmen.
- Die gleiche Übung mit viel Schwung ausführen. Arme hoch und den Körper nach vorn fallen lassen. Arme sollten mitschwingen.

- Gegrätscht stehen bleiben. Oberkörper bleibt aufrecht. Hände in die Hüfte stemmen. Langsam mit dem Po in Richtung Hocke nach unten und wieder zurück bewegen.
- Stellen Sie sich neben das aufgebockte Motorrad. Halten Sie sich am Lenker fest. Schwingen Sie mit einem Bein vor und zurück. Wiederholen Sie die Übung mit dem anderen Bein.
- Bleiben Sie in der Position am Motorrad. Gewicht auf das Standbein. Das freie Bein wird gestreckt nach außen bewegt. Drehen Sie um und bewegen sie das andere Bein in gleicher Weise.
- Ausfallschritt nach vorn. Bein nach hinten weit ausstellen. Oberkörper bleibt aufrecht. Dann mit der Hüfte nach unten bewegen, bis es im Schritt und in der rückseitigen Beinmuskulatur zieht.

Nach zwei Stunden sollten Sie sich wieder diese zehn Minuten nehmen, um entspannt weiterfahren zu können.

Gut geplant – gut ankommen

Wunderbar! Sie haben ihren Führerschein, Sie haben ein wunderschönes Motorrad, Sie haben Erfahrungen gesammelt, und Sie sind immer noch glücklich!
Dann steht doch einer mehrtägigen Tour nichts mehr im Weg. Draufsetzen und losdüsen? Wohl besser nicht.
Eine längere Tour will gut geplant sein, insbesondere, wenn man nicht mit einem Schlafsack unter einer Autobahnbrücke „pennen" will. Das bekommt uns in unserem Alter nicht wirklich gut.
Ich habe in den folgenden Abschnitten wichtige Tipps für Sie gesammelt, die ihnen helfen, komplett ausgestattet, und mit einem guten Gewissen, morgens um fünf auf das Motorrad zu steigen, und in Richtung Mittelmeer loszufahren. Dabei spielt es keine Rolle, ob Sie sich das allein antun möchten oder mit einer Sozia. Ich gehe einmal davon aus, dass Sie Ihr Motorrad komplett haben checken lassen, bevor Sie sich auf die lange Fahrt begeben. Außerdem verfügen Sie über ein

Koffersystem plus Tankrucksack.
Der ADAC bietet Ihnen auf seinen Webseiten sehr gute Tipps an, die Sie ausdrucken können und als Checkliste für die Planung benutzen können.

Wichtige Unterlagen griffbereit haben

Viele Dinge passen in Ihre Koffer, die Sie am Motorrad hängen haben. Sehr viele! Entsprechend schwierig ist es, immer die Übersicht zu bewahren. Wenn Sie Unterlagen nach dem Prinzip »verdammt, wo habe ich das und das eigentlich hingepackt« suchen müssen, werden Sie spätestens an Nicht-EU-Grenzen Probleme bekommen oder auch bei Polizeikontrollen.
Zusätzlich sollten Sie auf jeden Fall einen gut bepackbaren Tankrucksack haben. Ganz wichtige Sachen, wie Papiere und Geld sollten immer »am Mann« sein. Ebenfalls sollte einer der Koffer übersichtlich gepackt sein, damit man schnell auf Ersatzteile oder eine Regenkombi zugreifen kann.
Auf Kleidung und Toilettenartikel gehe ich hier nicht ein.
Tankrucksack oder am Körper
Im Tankrucksack sollten keine Originalpapiere, sondern höchstens Kopien von diesen, wasserdicht verpackt, untergebracht sein. Ganz wichtige Unterlagen sind am Körper!

- Ausweise und Führerschein
- Fahrzeugschein, Zulassungsbescheinigung
- Grüne Versicherungskarte (immer!)
- Notrufnummern, auch im Ausland
- Telefonnummern von Familienangehörigen zu Hause
- Kreditkarte oder EC-Karte
- Schutzbriefunterlagen (z. B. ADAC-Plus)
- Dauermedikamente (z. B. Blutdruck, Diabetes)
- Notfallmedikamente (Magen- und Darmprobleme, Allergien)

Sehr sinnvoll:

- Auslandskrankenschein

- Ggf. Visa für Nicht-EU-Länder
- Tickets für Fähren
- Bargeld in Fremdwährungen

Und wenn Sie noch Platz im Tankrucksack haben, können Sie für unterwegs noch eine kleine Flasche Wasser, Traubenzucker und Müsliriegel einpacken.

Griffbereit sollte in einem der Koffer sein:

- Ersatzschlüssel für Motorrad.
- Ersatzschlüssel für Koffer nicht! Die sollten im Tankrucksack sein.
- Taschenmesser/ Multi-Funktionswerkzeug
- Taschenlampe
- Ladegerät fürs Handy und für die Kamera, Akkus
- Erste-Hilfe-Päckchen für Motorräder (Vorschrift in einigen Ländern)
- Warnweste (wichtig in Frankreich und Spanien. Wird sonst sehr teuer).
- Hotelnachweise, Buchungsbestätigungen
- Händleradressen
- Eventuell Ersatzbrille
- Reinigungstuch für Helmvisiere
- Spanngurte

Für den Motorradnotfall

Die Ersatzteile für unterwegs richten sich natürlich nach der Art der Tour. Wenn sie zum Nordkap fahren, werden sie sicherlich für den Notfall erheblich mehr Ersatzteile brauchen, als wenn Sie nach Frankreich fahren.

- Zündkerze
- Gewebeklebeband/Tape
- Kabelbinder
- Sicherungen (im Handbuch nachlesen!)
- Ersatzlampen für alle Lampen
- Ggf. Kettenspray (es gibt auch kleine Flaschen für unterwegs)
- Motoröl in kleinem Behälter. (1/2 Liter), wenn Ihre Maschine Öl verbraucht.
- Kabel für kleine Reparaturen, Lüsterklemmen
- Feuerzeug
- Reparaturkit für Schlauch- oder schlauchlose Reifen

(keine Reifen- oder Pannensprays)
Lassen Sie sich beraten, was Sie noch zusätzlich an Werkzeug für Ihre Maschine benötigen. Suche Sie dafür die Werkstatt Ihres Vertrauens auf.

Richtig packen – sicher touren

Mehr als acht Wochen hat es gedauert, bis ich den Mut hatte, meine Frau als Sozia auf meinem neuen Motorrad mitzunehmen. Zusätzlich absolvierte ich noch einen Fahrsicherheitskurs beim ADAC, um alle Risiken zu minimieren.
Es macht einen Unterschied, allein oder zu zweit zu fahren. Bei hohem Gewicht fährt das Motorrad träger, in den Kurven muss man mehr zupacken und beim Bremsen verlängert sich der Bremsweg.
Auf eine tourentaugliche Maschine dürfen Sie zwischen 200 und 240 Kilo Gewicht draufpacken, natürlich Personen und Benzinfüllung inbegriffen. Wiegen Sie zu zweit 150 Kilo, bleiben noch ungefähr 50 Kilo fürs Gepäck übrig. Die wollen mit Bedacht verteilt werden.
Ich habe mir um das richtige Verteilen von Lasten eigentlich nie Gedanken gemacht. 100 PS unter mir, gute Reifen und eine starke Federung reichen doch aus, um für alle Eventualitäten gerüstet zu sein. Dachte ich!
Mit einem kleinen Beispiel wurde mir sehr schnell klar gemacht, wie sehr die Gewichtsverteilung auf dem Motorrad die Sicherheit beim Fahren beeinflusst. Wenn Sie einen Sack Blumenerde oder Rindenmulch auf die Schulter laden und durch die Gegend schleppen, werden Sie merken, dass Sie permanent das Gleichgewicht halten müssen. Sie gehen breitbeinig, um einigermaßen eine Linie einzuhalten.
Tragen Sie aber das Gewicht der Säcke verteilt mit beiden Händen unten am Körper, haben Sie diese Probleme nicht. Der Oberkörper bleibt stabil und Sie müssen nicht ums Gleichgewicht kämpfen.
Sie merken, worauf ich hinaus will. Es geht um den Schwerpunkt während der Bewegung. Liegt der hoch, wird es

schwierig mit dem Handling eines Motorrades. Umgekehrt erleichtert ein tiefer Schwerpunkt das Fahren durch enge Kurven oder das plötzliche Ausweichen bei einem Hindernis
Vor Kurzem war ich auf einem Flohmarkt und fuhr gemütlich mit 100 km/h über die Autobahn nach Hause. Plötzlich überholte mich mit hoher Geschwindigkeit ein anderes Motorrad, besetzt mit zwei Personen. Ich traute meinen Augen nicht, als ich sah, was der zweite Mann auf dem Rücken festgeschnallt hatte. Es waren Regalbretter, die mit zwei Spanngurten am Oberkörper bzw. dem Rücken festgezurrt worden waren. Diese ragten etwa einen Meter über den Kopf hinaus. Ich war zuerst verblüfft und konnte nicht glauben, was ich sah. Dann packte mich das blanke Entsetzen. Das Motorrad fuhr bestimmt 140 km/h und flatterte mit dem Heck wie eine große Flagge im Wind. Das Bike lief völlig instabil. Ich weiß nicht, welchen Druck der Rücken des Trägers aushalten musste, aber er schwebte garantiert in Lebensgefahr.
Wenn einem so etwas vor Augen kommt, kann einen auch nicht erschüttern, wenn ein Motorradfahrer auf dem Parkplatz eines Blumenhofes einen großen Sack Blumenerde quer auf den Tank legt und in der Konstellation, ohne jegliche Sicherung, den Weg auf die Verkehrsstraße sucht. Wahrscheinlich hatte er einen Wild-West-Film gesehen, in dem ein Cowboy ein verloren gegangenes Kalb eingefangen und quer vor dem Reiter am Sattel liegend, zur Herde zurückgebracht hatte.
So witzig sich solche Verhaltensweisen auch am Stammtisch anhören, so gefährlich sind sie für den Straßenverkehr. In beiden Fällen wird der Schwerpunkt des Motorrades verändert, was negative Auswirkungen auf die Stabilität beim Fahren hat. Dass der Sack Blumenerde auch noch bei Fahrtrichtungsänderungen herunterrutschen kann und ein gefährliches Hindernis bildet, kommt noch hinzu.

Gepäck richtig verstauen

Wenn Sie mit Ihrem Partner oder Partnerin auf eine längere Tour gehen wollen, werden Sie sicherlich über ein Koffersystem, genannt Travel- oder Touringpaket, verfügen. Natürlich gibt es auch Reisetaschen speziell für Motorräder, aber diese halte ich nicht für so sinnvoll, wie feste Koffer.
Bevor Sie Ihre Siebensachen auf die Maschine wuchten, ist der

Gang zur Waage Pflicht. Zwei Personen plus Gepäck dürfen die zulässige Zuladung nicht überschreiten. Wird diese übertroffen, neigt das Motorrad beim Fahren zu Pendeln und wird instabil. Unter Umständen müssen dann Teile der geplanten Reiseutensilien zu Hause bleiben, denn aus Sicherheitsgründen darf der Grenzwert niemals überschritten werden. Überladene Motorräder haben einen höheren Schwerpunkt und neigen zum Pendeln. Sie sind schwer in der Spur zu halten und brechen leichter aus (siehe mein Beispiel mit dem Sack Erde auf den Schultern). Außerdem verlängert sich Ihr Bremsweg. Wenn Sie Ihr Gepäck nicht verzichten können, müssen Sie dieses über dieses eventuell mit einem Paketdienst an den Zielort schicken.

Beachten Sie folgende Hinweise:

- Schwere Sachen werden nach unten gepackt. Nach unten heißt, unterhalb des Fahrersitzes in die Koffer, wenn möglich.
- Leichte Kleidungsstücke kommen darüber.

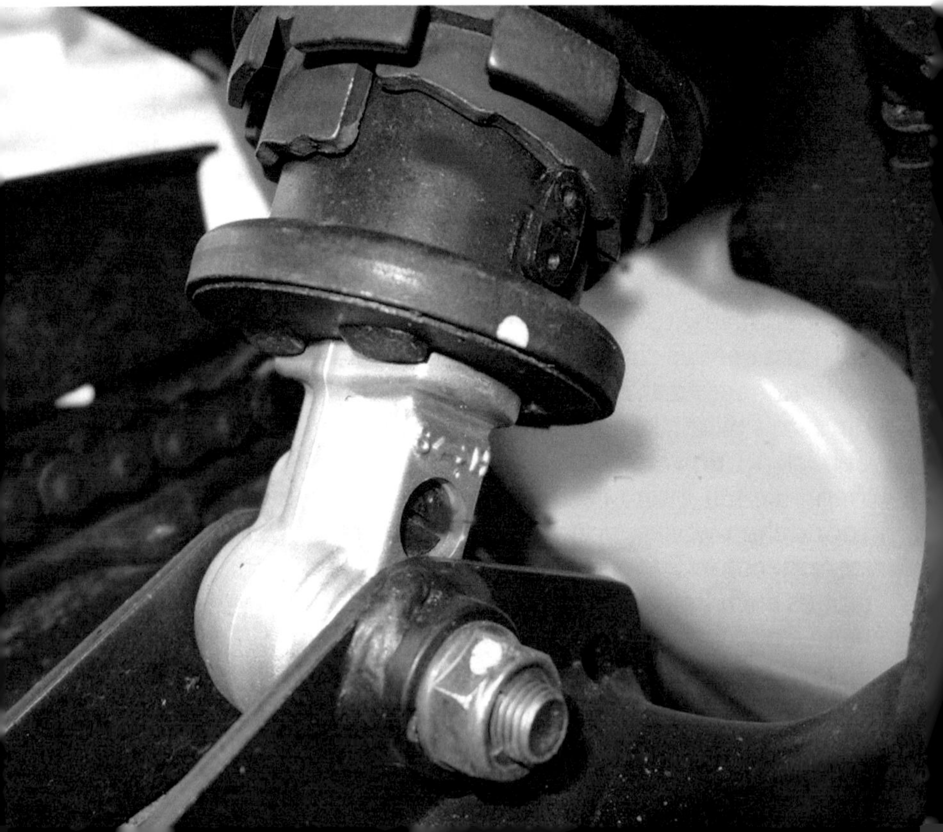

- Im Tankrucksack nur die Dinge unterbringen, die Sie unbedingt unterwegs brauchen. Auch der Rucksack gehört zum Gesamtgewicht!!
- Der Tankrucksack darf nicht die Sicht auf die Instrumente behindern.
- Bei Koffersystemen begrenzt der Hersteller die Höchstgeschwindigkeit ihres Motorrades. Die sollten Sie unbedingt beachten.

Fahrwerk anpassen (lassen)
Mit Hilfe einiger Einstellungen an Ihrem Fahrwerk, können Sie sich auch auf schwerere Lasten einstellen und somit die Fahrsicherheit und den Fahrkomfort erhöhen. Normalerweise ist Ihr Fahrwerk auf eine Person ausgerichtet, es sei denn, Sie wiegen 100 Kilo und mehr.
Das ist allerdings für den Volllastbetrieb falsch. Wenn Sie nicht über ein elektronisch verstellbares Fahrwerk verfügen (z. B. besitzen fast alle großen (und teueren) und neuen Touringmaschinen solche eine Möglichkeit, muss das Fahrwerk manuell abgestimmt werden.
Dazu werden in der Fachwerkstatt die Druckstufeneinstellung und die Federbasis Ihres Motorrades angepasst.

In Ihrem Motorrad-Handbuch steht genau beschrieben, wie man diese Einstellung vornimmt. Ich muss gestehen, ich traue mich nicht, an so sicherheitsrelevanten Bereichen herumzuschrauben und gehe daher immer in die Werkstatt. Die brauche genau fünf Minuten, um die nötigen Einstellungen vorzunehmen. Wollen Sie es selbst machen, benötigen Sie einen speziellen Ringschlüssel.
Unterlassen Sie diese Modifizierung des Fahrwerks, kann es gefährlich in Kurven werden. Denn das Fahrwerk, das auf Sie allein eingestellt ist, kann bei hoher Zuladung regelrecht in Kurven kollabieren. Und wer will das schon. Tipp: Erhören Sie vor der Reise auch den Luftdruck Ihrer Reifen. Weiche Reifen walken in Kurven und lassen Ihr Motorrad im Grenzbereich ausbrechen. Faustregel: 0,2 bis 0,3 bar mehr sind okay.

Bei hoher Zuladung muss das Fahrwerk angepasst werden

Kapitel 9 - Guter Rat kommt vor der Praxis

Ich habe Sie fast alle gelesen: Testzeitschriften, Broschüren und „Tipps und Tricks"-Bücher, die versuchen, über das geschriebene Wort sicheres Fahren rüberzubringen. Die Stapel mit geschriebenen Tipps und Tricks in meinem Arbeitszimmer sind hoch, die Buchrücken auf Hochglanz poliert, aber mein Kopf blieb leer.

Dabei sind die Bücher und Zeitschriften alle gut, ja sogar hervorragend, wenn man schon aus praktischer Erfahrung weiß, was drin steht.

Sehr schön anzuschauen sind die kleinen Videos auf Youtube, die ihnen an praktischen Beispielen zeigen, wie man's macht und wie nicht.

Geben Sie in Ihren PC einmal »www.youtube.com« ein und dann den Suchbegriff »Motorrad bremsen«. Es werden ihnen anschauliche und auch weniger sehenswerte Videos zu diesem Thema per Mausklick angeboten.

Das Institut für Zweiradsicherheit, kurz IFZ genannt, bietet Lernmaterial an, das sehr genau auf typische Probleme beim Fahren eingeht. Mit sehr genau meine ich, dass sehr viele der angebotenen Informationen wissenschaftlich unterlegt sind. Wenn zum Beispiel über das wichtige Thema Bremsen gesprochen wird, finden Sie Sätze wie „Bei der Vollbremsung ist eine maximale Verzögerung von bis zu $10 m/sec^2$ möglich" . Begriffe wie Gewichts- und Massekraft runden dann diese Informationen ab.

Nützliche und kostenlose Info für unfallfreies Fahren.

Mein Sohn, Maschinenbaustudent im 8. Semester, findet diese Aussagen kurz, knackig und leicht verständlich. Ich habe meine Probleme damit. Trotzdem empfehle ich diese Broschüren, um hin und wieder einen Blick hineinzuwerfen. Nur sollten Sie sich Zeit dafür nehmen und nur kurze Abschnitte lesen. Dann bleibt etwas hängen.
Leicht verständlich sind dagegen Informationen zu Helmen oder zur Bekleidung.
Sie können sich diese Broschüren neben das Bett oder unters Kopfkissen legen, Sie werden niemals die praktische Erfahrung ersetzen, die Sie beispielsweise bei einem Sicherheitstraining gewinnen werden. Erst dann werden Sie beim Lesen dieser Informationshefte wissen, wie Sie die praktischen Tipps einordnen müssen.
Da ich gelernt habe, schwierige Themen im Unterricht anschaulich aufzubereiten, versuche ich in den nächsten Abschnitten, Ihnen leicht verständliche Tipps zum Fahren anzubieten. Ich bin sicher, Sie werden sie verstehen. Vielleicht kann ich Sie sogar animieren, den einen oder anderen Tipp mit Ihrem Motorrad auf dem Hinterhof oder auf einem Aldi-Parkplatz am Wochenende in die Praxis umzusetzen. Ich tue es immer wieder, besonders dann, wenn mein Motorrad einmal für einige Wochen nicht benutzt werden konnte. Bei meinen Tipps stütze ich mich auf die Broschüren des IFZ, auf Veröffentlichungen der Zeitschrift Motorrad, auf Internetveröffentlichungen von Stefan Wischner und auf meine Erfahrungen in verschiedenen Sicherheitstrainings beim ADAC.

Spannung raus – Konzentration rein

Was hatte ich für eine Angst, als ich die ersten Kilometer mit dem ersten Roller gefahren bin. Was ging mir die Muffe, als ich in der ersten Fahrstunde an der Ampel stand und den Motor immer wieder abwürgte. Meine Unterarme schmerzten, der Nacken wurde steif, meine Pressatmung hätte besser in den Kreißsaal gepasst und mit meinen Krallenhänden hätte ich jede Hauswand hinaufklettern können. Das sind die besten Voraussetzungen, um das Fahren auf ein Minimum zu begrenzen, weil die Kondition nach spätestens einer Stunde nicht mehr mitmacht.

Ich sehe immer wieder einen älteren Motorradfahrer an meinem Küchenfenster vorbeifahren. Es ist bewundernswert, wie der mit einer BMW R 1200 RT in den Kreisverkehr mit leichter Schräglage hinein und wieder heraus fährt. Es sieht einfach spielerisch leicht und elegant aus. Als ich ihn einmal fragte, wie er mit so einer schweren Maschine klar kommen würde, überraschte mich seine Antwort. Er würde nie verkrampfen und immer locker bleiben, egal in welche Situation er auch kommen würde. Trotz seiner 78 Jahre und mehr als 50 Jahren Erfahrung mit Motorrädern, wäre er nie in ernsthafte Schwierigkeiten gekommen. Als ich ihn weiter fragte, wie er diese entspannte Fahrweise erlernt hätte, wies er darauf hin, dass er seinen Motorrädern immer vertraut hätte und daher keine Angst beim Fahren hätte. Ruhe bewahren wäre bei ihm an erster Stelle.

Diese Lockerheit fängt im Kopf an. Wenn Sie sich nach dem Aufsteigen aufs Bike zwingen müssen, konzentriert zu fahren, werden Sie verkrampfen mit all den beschriebenen Nachteilen. Ihr Training in Sachen entspanntes Fahren beginnt daher viel früher. Wenn Sie zum Beispiel spazieren gehen, also allein sind, sollten Sie bestimmte Situationen im Kopf nachspielen. Machen Sie sich klar, dass nasse Straßen keine wirkliche Gefahr darstellen, wenn Sie mit reduzierter Geschwindigkeit durch Kurven fahren. Stellen Sie sich vor, Sie stehen an einer steilen Bergstraße und müssen an einer Kreuzung anhalten und wieder anfahren. Wie bremsen Sie, wie betätigen Sie Kupplung und Fußbremse bei gleichzeitigem Gas geben? Letzteres Beispiel gehört auch heute noch zu den unangenehmsten Situationen für mich im Straßenverkehr. Beim Fahrsicherheitstraining klappt das wunderbar. Wenn aber ungeduldige Autofahrer zwei Meter hinter mir stehen und ich mich bedrängt fühle, ist das Anfahren am steilen Berg mit gleichzeitigem Abbiegen auch heute noch eine absolute Herausforderung für mich. Dabei übe ich diese Situation fast täglich im Kopf.

Fazit: Praxis ist durch nichts zu ersetzen. Die Theorie kann nur

Impulse geben. Fahren Sie, fahren Sie, fahren Sie. Stellen Sie sich kleine Aufgaben, die Sie auf einer Tour erfüllen müssen. Fragen Sie sich hinterher, wie locker Sie geblieben sind, als Sie auf einer Kreuzung gezwungen wurden zu bremsen, weil man Sie übersehen hat oder weil der Kurvenradius drohte, zu eng zu werden.
Im Folgenden gebe ich Ihnen aus eigener Erfahrung ein paar Praxistipps, die ich zum Teil von erfahrenen Motorradfahrern bekommen habe .

Langsamer, du fällst nicht um!

Diese Worte meines Fahrlehrers Uwe zeigten mir schmerzhaft, welche Auswirkungen Schwerkraft auf den menschlichen Körper haben können. Im Zweifelsfalle geht der Weg der Erdanziehung immer nach unten. Wir können ihn nur mit einem guten Balancegefühl und genügend Geschwindigkeit überlisten. Wie viel Geschwindigkeit dazu nötig ist, hängt vom Typ ihres Motorrades ab. Sitzt der Motor sehr tief, dann ist der Schwerpunkt auch ganz unten. Das ermöglicht eine Schleichfahrt im Minimaltempo. Umgekehrt wird es schwieriger.
Wie finden Sie heraus, wie Ihr Bike ausbalanciert ist? Ganz einfach. Gehen Sie zu Ihrer Maschine und nehmen Sie sie vom Hauptständer herunter. Es sollte kein Gang eingelegt sein. Dabei halten Sie diese an beiden Lenkerenden fest. Das haben Sie mit Sicherheit schon x-mal gemacht. Öffnen Sie jetzt die Hände und drücken nur mit den Handinnenflächen auf die Griffe. Die Finger sind abgespreizt. Die Maschine bleibt im Gleichgewicht. Kein Problem, die Balance stimmt.
Bewegen Sie jetzt den Lenker ein wenig nach links oder rechts. Bleiben Sie auf jeden Fall locker neben dem Tank stehen. Klappt auch, nicht wahr?
Machen Sie jetzt das Gleiche vor einer Fahrt mit Gepäck. Versuchen Sie herauszufinden, wie sich jetzt, bei mehr Gewicht, die Balance ändert. Bei diesem Test sollten Sie auf jeden Fall noch eine zweite Person als stabilisierendes Element neben

die Maschine stellen. Haben Sie das Gefühl, dass das Motorrad jetzt kippeliger ist, sollten Sie versuchen, schweres Gepäck aus dem Topcase hinten in die Seitenkoffer zu verschieben und leichtere Dinge nach „oben" zu platzieren. Ein guter Ort ist auch ein großer Tankrucksack.
Gehen Sie nicht so weit, dass Sie eine Begleitperson auf den Rücksitz setzen, um diese Aktion durchzuführen. Es könnten atmosphärische Störungen auftreten.

Regen, Schotter, schlechte Straßen

Elektronische Stabilitätskontrolle, ABS, Brems- und Fahrspurassistenten, Anfahrhilfen, das sind alles Hilfseinrichtungen, die das Fahren auf Straßen sicherer machen. Der Nachteil dabei ist: Es gibt die meisten elektronischen Helferlein nur für Autos. Bei Motorrädern besitzen sie in der Regel (hoffentlich) ein eingebautes ABS, das das Blockieren der Räder beim Bremsen verhindert und damit die Lenkfähigkeit auch bei Notbremsungen erhält.
Sie bewegen Ihr Fahrzeug also nur auf zwei Rädern über die Straßen. Daher ist die Beschaffenheit der Straßen auch sehr viel wichtiger für Sie, als wenn Sie sich auf vier Rädern bewegen.
Wenn Sie Beschleunigen wird die Kraft des Motors über das Hinterrad auf die Straße übertragen. Dabei hat das Rad eine Kontakfläche von der Größe einer Zigarettenschachtel. Sie können sich leicht ausmalen, was passiert, wenn dieser Kontakt einmal gestört wird. Richtig, Sie rutschen weg. Wenn Sie geradeaus fahren, dreht das Rad durch, wenn Sie in einer Kurve sind, legen Sie sich lang, d.h., sie stürzen.
Schon in der Fahrschule hat man Ihnen beigebracht, dass Sie beim Fahren auf folgende Straßenbeschaffenheiten achten sollen, um Stürzen vorzubeugen: Laub im Herbst, Rollsplitt im Frühjahr nach der Streuperiode im Winter, nasse und verschmutzte Straßen (Baustellen), Richtungspfeile oder Zebrastreifen aus Kunststoff. Dazu kommen noch Schlaglöcher, rutschige neu geteerte Straßen. Straßenbahnschienen oder

Achtung Schlagloch. Hier droht echte Gefahr.

Kanaldeckel runden das Bild der möglichen Gefahrenquellen ab.

Diese Gefahrenquellen erfordern von Ihnen das Herabsetzen von Geschwindigkeit und erhöhte Aufmerksamkeit. Richten Sie Ihren Blick nie direkt vor das Vorderrad. Sie fahren dorthin, wohin Sie schauen und wenn es ein Schlagloch ist. Schauen Sie weiter nach vorn. Bleiben Sie locker!

Bei Regen Vorsicht in den Kurven

Solange es geradeaus geht, werden kaum Schwierigkeiten beim Fahren auftreten, da keine seitlichen Kräfte auf das Motorrad einwirken. Selbst Regen ist kein Problem, da das bei Autofahrern gefürchtete Aquaplaning, also das Aufschwimmen des Reifens auf einem Wasserfilm, praktisch beim Motorrad nicht auftritt. Die Kontaktfläche ist zu klein und die Rundung der Reifenoberfläche verhindern das Aufschwimmen. Natür-

lich schützt ein gutes Profil zusätzlich.
Wenn es aber ans Bremsen oder Kurvenfahren geht, wird der Regen zu einem Problem. Kommen noch ein wechselnder Belag wie Kopfsteinpflaster oder eine frisch geteerte Oberfläche hinzu, dann kann eine Fahrt sehr schnell zu einem Eiertanz werden. Der Bremsweg verdoppelt sich fast gegenüber einem trockenen Belag. Das heißt, der Abstand zu vorausfahrenden Fahrzeugen muss erheblich vergrößert werden.
In nassen Kurven brauchen Sie ein zartes Händchen und viel Gefühl. Eine Kurve, die sie bei Trockenheit lässig mit viel Schwung beherrschen, entwickelt sich bei Nässe in ein unberechenbares tückisches Metier. Hier gilt: Sensibler Umgang mit Gas und Bremse, ein defensiver, weicher und unverkrampfter Fahrstil hat erste Priorität. Wenn Sie das beherrschen, werden Sie sogar auf trockenem Belag noch besser werden. Fahren Sie aber ruppig in eine nasse Kurve, lenken Sie hart ein und beschleunigen Sie ruckartig, dann sollten Sie erstklassige Protektoren in Ihrer Motorradkombi haben, einen guten Helm und zwei Schutzengel zusätzlich abonniert haben. Dann lernen Sie den physikalischen Begriff der Fliehkraft am eigenen Körper kennen.
Die Polizei und auch der ADAC veröffentlichen immer wieder Warnungen vor zu schnellem Kurvenfahren, was natürlich gerade bei Regen an Bedeutung zunimmt.

- Fahre die Kurve nie zu eng an.
- Fahre die Kurve langsamer an, als Sie Dir gefühlsmäßig noch fahrbar erscheint. Du gewinnst so Reserven, die jeder im Leben mal braucht.
- Rechne mit schlechter Fahrbahndecke, Öl, Dreck, Feuchtigkeit oder Gegenständen auf der Straße.
- Fahre Linkskurven immer von außen an. Dadurch hast Du eine bessere Sicht.
- Bleibe immer im rechten Drittel Deiner Fahrbahn, damit Kopf und Oberkörper nicht in den Gegen verkehr ragen.
- Ziehe Deine Maschine erst dann weiter zum Kurveninneren, wenn Du den Kurvenausgang sehen kannst.
- Rechne immer mit Gegenverkehr, der zu weit auf Deiner Fahrspur fährt.

....die nächste Spritztour kann starten...

Keinen Stress bitte

Was für Autofahrer gilt, sollte erst recht für Motorradfahrer gelten. Der Verzicht auf Alkohol vor dem Fahren, auf Drogen oder starke Medikamente, die das Bewusstsein beeinflussen, ist selbstverständlich. Das lernt man heute in jedem theoretischen Unterricht in der Fahrschule oder beim Fahrsicherheitstraining des ADAC.

Als mir mein Fahrlehrer im Unterricht erzählte, dass man sich unter Stress niemals aufs Motorrad setzen solle, habe ich das als erfahrener Autofahrer zwar vernommen, aber so richtig nicht umgesetzt. Wenn ich Stress hatte, bin ich noch vorsichtiger mit dem Auto gefahren, als in normalen Situationen.

Frühmorgens zwischen sieben und acht Uhr ist auf der Autobahn die Hölle los. Es wird gedrängelt, gehupt und rücksichtslos rechts und links überholt. Wehe man hält sich an die vorgeschriebene Geschwindigkeit, man wird als Verkehrshin-

dernis deklariert und erntet Kopfschütteln oder auch den ominösen Mittelfinger. Kommt es zum Unfall, so hört man immer wieder die gleiche Begründung für das rüpelhafte Verhalten. Man muss pünktlich sein, wichtige Termine warten oder man hatte Streit mit seinem Dackel zu Hause.
Erfahrene Automobilisten lassen sich nicht mehr durch solches Fehlverhalten beeindrucken und bleiben ruhig, ganz im Gegensatz zu Fahranfängern, die dann in Panik geraten.
Stress auf dem Motorrad ist um ein Vielfaches gefährlicher, als in einem Auto. Jede Gemütsregung wird auf das Fahrverhalten übertragen und kann zu schmerzhaften Situationen führen.
Ein Beispiel aus eigener heilsamen Erfahrung: Ich war an einem sonnigen Wochenende mit meinen Freunden verabredet zu einer Tour durch das Sauerland. Die Ehefrauen sollten selbstverständlich mitfahren.
Eine Stunde vor der Fahrt hatte ich ein Wortgefecht mit meinem Sohn. Eine normale Diskussion artete ein wenig aus und ich beendete das Gespräch abrupt. Meine Schädeldecke war etwas höher als sonst, mein Gesicht hatte eine rötliche Farbe angenommen. Die ganze Sache war ein Missverständnis, wie sich später herausstellt.
Auf jeden Fall hatte ich mächtig Dampf im Kessel, als wir losfuhren. Als Sensibelchen fragte ich mich immer wieder, was ich wohl falsch gemacht haben könnte.
Bereits nach einigen Kilometern hörte ich meine Frau im Kopfhörer: »Sag mal Udo, was ist los? Du fährst so ruckartig und die lenkst überhaupt nicht weich ein!« Ich beruhigte sie, indem ich die Schuld auf den Lastwechsel beim Gas geben schob. Aber, so sagte sie mir später, ich fuhr sehr unsicher.
Und dann passierte es. Ich war nicht richtig bei der Sache, als mein Freund vor mir plötzlich an einem Berg links abbog. Ich bremste ab und folgte ihm. Ich wollte ihm folgen, besser gesagt. Meine Geschwindigkeit war auf Fußgängertempo gesunken, als ich den Lenker links einschlug und dabei meinen Blick weiter nach rechts richtete. Dort war nämlich ein Graben. Nach Adam Riese und allen Motorraderkenntnissen, fährt man ja in die Richtung, in die man blickt. Kurz vor dem Graben versuchte ich noch in der Lenkbewegung noch mehr

zu bremsen. Ich lag neben der Maschine, der Himmel war wunderschön blau und in meinem Ohr hörte ich meine Frau erschrocken fragen, ob mir was passiert wäre. Sie mit ihren 50 Kilo war natürlich blitzschnell abgesprungen und stand neben mir.
Ich war fassungslos, da ich mir diesen Umfaller nicht erklären konnte. Meine Freunde beruhigten mich damit, dass ihnen das auch schon mal passiert wäre. Nun, es war ja nichts Schlimmes geschehen, so dass ich wieder aufstieg und weiterfuhr. Meine Frau sagte hinter mir kein Wort mehr, mein Adrenalinspiegel stieg immer mehr, da ich auch noch ein schlechtes Gewissen hatte.
Zehn Minuten später hielten wir an einer Kreuzung. Eine absolut tägliche Situation. Natürlich war ich total mit mir beschäftigt und stoppte. Meine Füße stellten sich auf den Boden neben dem Motorrad und rutschten leicht weg, weil etwas Rollsplitt neben einem geflickten Schlagloch lag. Das Motorrad fiel in Zeitlupe um und wieder lag ich daneben. Ulrike zum Glück wiederum nicht. Meine Flüche hat man garantiert kilometerweit gehört.
Wir stellten mein Bike an den Straßenrand und ich setzte mich auf einen Stein. Dann unterhielten wir uns über die beiden Umfaller.
»Möchtest du, dass ich voraus fahre und mit einem Anhänger zurückkomme, um dich zu holen?«, fragte mein Freund. Ich schüttelte den Kopf und schaute meine Frau an. Sie hatte ihren Helm abgesetzt und antwortete für mich: »Udo fährt nach Haus, jetzt und mit mir!« Dann sprachen wir über die Gründe, die zu diesen peinlichen Umfaller geführt hatten.
Ich war wegen des Streits am Telefon völlig unkonzentriert, so dass selbst tägliche Verkehrssituationen, die normalerweise überhaupt keine Probleme darstellten, zu einer Gefahr wurden. Als ich von meinem Telefonat erzählte, nickte mein Freund nur und meinte, dass ich viel zu schnell auf das Motorrad gestiegen wäre und keine Zeit gehabt hätte, meinen Adrenalinspiegel abzubauen.
Nach einer längeren Pause fuhren wir weiter, konzentriert und mit Schiss in meinem Bauch. Aber es klappte. Noch nach Wochen hatte ich ein mulmiges Gefühl, wenn ich mit meiner

Frau als Sozia an einer roten Ampel anhalten musste. Ulrike hat mir wegen dieser Sache nie einen Vorwurf gemacht, ja sie hat noch nicht einmal mit mir danach darüber gesprochen. Ich würde mich nie wieder emotional gestresst auf das Motorrad setzen.

Vier Stresstypen

Die Medizinische Hochschule Hannover und die Abteilung Rehabilitative und Präventive Sportmedizin des Universitätsklinikums Freiburg haben einen Langstreckentest für medizinische Untersuchungen bei Bikern durchgeführt. Dabei fanden sie heraus, dass drei Faktoren die Fahrsicherheit beeinträchtigen:

- die Stressverarbeitung,
- das Körpergewicht und
- die Fitness der einzelnen Testteilnehmer.

Es bildeten sich vier Stresstypen unter den Bikern heraus:

- Der defensive und rücksichtsvolle Typ ist eher gemütlich unterwegs,
- der sportliche und körperbewusste Typ praktiziert einen Mix aus sportlichem und entspannten Fahren,
- der risikobereite Fahrer ist überwiegend sportlich mit hohen Drehzahlen unterwegs und
- der vierte im Bunde ist ein Adrenalinjunkie, der sich ständig auf der Rennstrecke wähnt und bereit ist, hohe Risiken einzugehen.

Bei letzteren war der höchste Anstieg des Stresshormons Adrenalin im Urin zu verzeichnen, was auf psychische Belastungen hinweist. Das Hormon Noradrenalin, das auf körperliche Belastung hindeutet, war bei allen Typen, trotz unterschiedlicher Fahrweise, nahezu gleich. Wie viel Stress das Motorradfahren auslöst hat der Biker laut der Testergebnisse mit dem Gashahn also selbst in der Hand.

Bei der Auswertung der Herzfrequenz- und der Blutdruckwerte zeigte sich, dass Fahrer mit normalen Körpergewicht und einer guten Fitness wesentlich besser abschnitten. Übergewichtige Biker mit mäßiger Fitness sind weniger sicher unterwegs und besitzen damit ein höheres Unfallrisiko. Gleiches gilt für Fahrer mit wenig Erfahrung. In der Summe zeigte der Test, dass Motorradfahren durchaus als Sport gewertet werden kann, der als solcher auch eine gute Vorbereitung beispielsweise nach der Winterpause bedarf. Erfahrungswerte und Übung tragen wesentlich zur Sicherheit bei.

Ich denke nicht, dass diese Ergebnisse einen Aha-Effekt bei Ihnen hervorrufen, da Sie diese Typen häufig genug auf der Straße antreffen und auch einordnen können. Aber Sie sollten sich fragen, zu welchem Typ Sie gehören. In meinem Alter zum Beispiel ist Stress Gift, daher zähle ich mich auf jeden Fall zu den defensiven Fahrern mit leicht sportlichen Attitüden. Vielleicht fahre ich dann auch noch mit 80 mit meinem Motorrad.

Der Autor

Udo Schmidt, Jahrgang 1944 und noch ziemlich fit, war bis zur Pensionierung Oberstudienrat an einem Berufskolleg. Er hat in mehr als 30 Jahren eine Vielzahl von erfolgreichen Fachbüchern in den Bereichen PC-Software und digitale Fotografie geschrieben. Heute lässt er keine Gelegenheit aus, mit seiner Frau die Straßen in und um Deutschland herum zu entdecken und ist der Überzeugung, dass er noch bis mindesten 85 unterwegs sein wird.

Bildnachweis: Alle Bilder stammen vom Autoren, bis auf: Titelbild: Triumph Motorcycles Ltd, Rückseite Umschlag: Daniel Kraus (Mitte), ADAC-Fahrsicherheits-Zentrum Westfalen, Recklinghausen (unten); Bild Seite 1: Yamaha Motor Deutschland GmbH; Bild S 21: Triumph Motorcycles LTD., S. 126: ADAC Fahrsicherheits-Zentrum Westfalen, Recklinghausen, S. 137: Daniel Kraus, S. 162: Deutscher Verkehrssicherheitsrat e.V. (DVR) und Institut für Zweiradsicherheit (IFZ)

Andere lieferbare Titel aus unserem Verlagssortiment:

Urlaub auf hoher See
Heitere Kurzgeschichten
rund um die Kreuzfahrt
Stefan Schöner, 140 Seiten
ISBN 978-3-939408-12-3
13,90 €

Isle of Man
Reisehandbuch
Ulrike Katrin Peters, Karsten-Thilo Raab, 136 Seiten
ISBN 978-3-939408-25-3
13,99 €